ゾルゲ事件
80年目の真実

名越健郎

文春新書

1477

はじめに　解禁されたロシアの新資料

処刑八十年でブーム再来

　ロシア軍のウクライナ侵攻が長期化する中、戦前の東京や上海で諜報活動を行った旧ソ連の大物スパイ、リヒャルト・ゾルゲ（一八九五〜一九四四年）を「第二次世界大戦の英雄」として顕彰する動きがロシアで強まっている。

　日米開戦前夜、ゾルゲはドイツ軍のソ連侵攻や日本軍の「南進」をモスクワに通報したが、ロシア側の情報公開で、これ以外にも、満州国建国や上海事変、日独防共協定、日米開戦などを予告していたことが分かった。

　ゾルゲとソ連軍情報本部の関係がぎくしゃくしたことや、ゾルゲ機関の摘発が日独関係に深刻な打撃を与えたことも判明した。神話に包まれたスパイ・ゾルゲの実像が次第に解明されつつある。

　二〇二四年十一月七日はゾルゲの処刑から八十年で、ロシアでは追悼行事が行われた。二〇二五年十月はゾルゲ生誕百三十周年で、国防省主催の記念シンポジウムが予定される。

ウクライナ戦争で孤立し、欧米の対露包囲が強まる折から、スパイ活動を通じて国家に尽くしたゾルゲをプレーアップすることで、国民の愛国主義や結束を促すプーチン政権の思惑も垣間見える。

ソ連では、摘発されたスパイであるゾルゲの存在は戦後秘匿され、名誉を回復したのは一九六四年だった。その後、記念切手の発行やオペラの上演が行われ、人気が高まった。現在は第二のゾルゲ・ブームを迎えたかにみえる。

ソ連時代、諜報関係の公文書は機密扱いだったが、一九九一年のソ連邦崩壊前から少しずつゾルゲ関係文書の情報公開が始まり、プーチン体制下で大幅に進んだ。ゾルゲをテーマにした書籍も五十冊前後出版された。

その中で注目すべきは、歴史家のミハイル・アレクセーエフが公開文書を基に書いたゾルゲ研究書の上海編『あなたのラムゼイ』、東京編『あなたに忠実なラムゼイ　上・下』という分厚い三冊本だ。ゾルゲが属した軍参謀本部情報総局（GRU）のアーキビストだったアレクセーエフの著作は、ロシアでは本格的な研究書となった。

また、日本専門家のアンドレイ・フェシュン（モスクワ国立大学東洋学部准教授）はGRUの公文書館や国防省中央公文書館で機密指定を解除された関係文書約六百五十本を入手し、資料集『ゾルゲ事件　電報と手紙（一九三〇～一九四五年）』を出版した。このうち、活動がピークだった四一年とそれ以降の二百十八本の文書を筆者が翻訳し、『ゾルゲ・ファイル　1941－1945』としてみすず書房から出版した。

二人の著作は、ゾルゲが上海や東京からモスクワに送った電報や書簡、本部の指示を網羅し、情報活動の全容が示された。

日本では、ゾルゲ事件は終戦直後から大きな社会的関心を呼んだ。盟友で元朝日新聞記者の尾崎秀実（ほつみ）が獄中から家族に送った書簡集『愛情はふる星のごとく』がベストセラーになり、焼け跡の反戦・民主化機運の中、ゾルゲや尾崎は国際平和を目指した反戦主義者と評価された。

一方で、東西冷戦の深まる中、日本を占領統治したGHQ（連合国軍総司令部）のウィロビーG2（参謀第二部）部長が事件を調査し、「史上空前の赤色スパイ事件」と喧伝したことで、国内の評価も分裂した。

その後、ゾルゲや尾崎らの獄中手記、尋問・裁判記録、関連資料を網羅した『現代史資料　ゾルゲ事件』全四巻（みすず書房）が六二年から刊行されて実証的な研究が始まり、これまでに約二百冊の関係書籍が出版された。

ただ、従来の研究は主に、日本側の資料・情報に基づき、ロシア側の資料やモスクワから見たストーリーが欠落していた。世代交代に伴い、ゾルゲ事件への関心は低下し、風化が進んだ。

しかし、ゾルゲ事件はスケールの大きさや時代の激動、登場人物の多彩さと思想性、ゾルゲ個人の特異な人物像など興味は尽きない。一九三〇年代から四〇年代初頭の日・米・英・独・中・ソのパワーゲームと策略の中で、ゾルゲは舞台裏で黒子のような役割を果たした。ゾルゲの電報は、敗戦に至る昭和前期の激動を記録した裏面史となっている。

本書では、解禁されたロシア側資料を中心に、新しい情報やエピソードを取り上げ、ゾルゲ機関の内幕に迫った。日本や中国、ドイツで出てきた新情報も適宜盛り込んだ。

筆者は時事通信記者としてモスクワとワシントンに駐在した際、公文書館での調査からゾルゲ事件でいくつか独自記事を報道しており、その際入手した資料も使用した。

ゾルゲ事件はスパイ事件としては異例ともいえる大量の情報公開がなされており、その実態を探ることは、情報戦やインテリジェンスの研究に有益だ。ゾルゲを見つめ直すことで、日本の伝統的な防諜の甘さを再検討できる。

司馬遼太郎が称えた「澄み透った目」

ゾルゲと尾崎は、「近代史上、最も知的水準の高いスパイ」（チャルマーズ・ジョンソン元米カリフォルニア大サンディエゴ校教授）といわれる。

ゾルゲ・ファンを公言した作家の司馬遼太郎は物理学者・江崎玲於奈との対談で、「ゾルゲのエッセーを読んでると、昭和十年前後の日本の情勢が非常によくわかります。こんなすばらしい頭脳というのはあるのかしらと思わざるをえない。彼の日本観察を見てもそうなんです。ゾルゲが非常に複雑な民族環境に生まれているということと無縁ではないんですね。ゾルゲが強烈な理想を持っていたこととも無縁ではない。（中略）複雑な民族環境と高い理想が非常に巨大な魂を生んだ」「当時の日本人の専門家たちは、いっさい自分自身の運命を予言できなかった、（中略）ゾルゲは乏しいデータから当時の日本の情勢を正しく分析する澄み透った目をもっていた」と評価した。（『対談集　日本人の顔』）

ゾルゲをスパイというより日本分析者とみなす司馬は、獄中手記やドイツ誌に書いた評論を読んだとみられるが、本部に送った電報・書簡類からも、「澄み透った目」の一端が察知できる。

一方でゾルゲは、複雑な性格の持ち主で、理想主義的共産主義者でありながら、シニカルで自己顕示欲が強く、夢想家だった。極度の緊張を強いられるスパイ生活で、飲酒と女性漁（あさ）りに走り、無謀な言動が見られた。獄中手記は逮捕後の規制や思惑の中で書かれ、すべてが真実とは限らない。伝説のスパイには、なお謎と疑問が残っている。

本書では、第一章をプーチン体制下でのゾルゲ評価に充て、第二章はあまり知られていない上海での秘密工作を追った。第三、四章では八年にわたる東京でのスパイ活動の実態を取り上げ、第五章は摘発後の意外な後日談を紹介した。

先に、ゾルゲ事件への関心が低下したと書いたが、第一人者の加藤哲郎・一橋大名誉教授や鈴木規夫・愛知大教授らが新たに「尾崎＝ゾルゲ研究会」を立ち上げ、中堅・若手の研究者も参画している。ロシアでの文書開示を踏まえ、新機軸の研究が期待される。本書では、加藤氏らの研究が大変参考になった。

出版に当たっては、西本幸恒・文藝春秋新書編集長に貴重なアドバイスと協力をいただいた。

目次

ゾルゲ事件80年目の真実

凡例

一、ゾルゲの電報は、英語の暗号で無線送信され、軍情報本部が解読して翻訳。ロシア語訳文がロシアの公文書館に保管されている。電報や書簡は、アレクセーエフとフェシュンの著作から引用した。

一、ゾルゲが属した軍情報機関は一九四二年初め、現在のGRU（軍参謀本部情報総局）に拡大・再編されるが、本書では、当時の呼称だった軍第四本部、または情報本部と表記し、他の組織名称も『現代史資料　ゾルゲ事件』全四巻に合わせた。

一、ゾルゲ、尾崎らの獄中手記や尋問記録は、『現代史資料』から引用し、現代仮名遣いに改めた。

一、本部とゾルゲ機関の交信では、メンバーや情報源はコードネームが使われ、ゾルゲは「ラムゼイ」や「インソン」、尾崎は「オットー」や「インベスト」だったが、本書ではすべて本名で表記した。参考文献は巻末に記載した。

主な登場人物

リヒャルト・ゾルゲ（1895〜1944）

ドイツ人記者を隠れ蓑に活動したソ連軍情報機関の大物スパイ。上海と東京で強力な情報網を組織した。

尾崎秀実（1901〜44）

朝日新聞記者。上海勤務時代にゾルゲと知り合い、ゾルゲの最大の情報源となった。近衛文麿内閣嘱託を経て、満鉄調査部嘱託を務めた。

宮城与徳（1903〜43）

沖縄出身の画家。米西海岸に渡り、米国共産党に入党。モスクワの指示で日本に帰国、ゾルゲ機関に参加。

マックス・クラウゼン（1899〜1979）

ドイツ人の無線技師。上海でゾルゲと一緒に働き、ゾルゲの依頼により東京でもゾルゲ機関の無線通信を担当。

ブランコ・ブケリッチ（1904〜45）

クロアチア人の仏アバス通信記者。コミンテルンの指示で日本に行き、ゾルゲ機関に参加。

オイゲン・オット（1889〜1977）

ドイツ陸軍軍人。駐日武官を経て、ドイツ大使に就任。ゾルゲの情報に依存した。妻がゾルゲの愛人となる。

アグネス・スメドレー（1892〜1950）

米国人の左翼女性ジャーナリスト。中国共産党に関する著作で知られる。上海でゾルゲと愛人関係になり、ゾルゲ機関を支援。

ミハイル・イワノフ（1912〜2014）

ソ連軍情報機関員。在京ソ連大使館に勤務し、ゾルゲ機関摘発後の処理を担当。

第一章　甦る伝説のスパイ

モスクワのゾルゲ像

ゾルゲにあこがれたプーチン

「高校生の頃、ゾルゲのようなスパイになりたかった」

ロシアのウラジーミル・プーチン大統領は二〇二〇年十月七日の六十八歳の誕生日に際し、国営タス通信のインタビューで自らの過去に言及してこう告白した。

理由や背景には触れず、この一言だけだったが、プーチンがゾルゲを敬愛していることを公表したのはこの時が初めてだった。

プーチンは〇〇年に出版されたインタビュー形式の回想録『プーチン、自らを語る』でもこう述べていた。

「私は中等専門学校を卒業する前から、情報機関で働きたいと思っていた。（中略）『盾と剣』のようなスパイ映画や小説に、私の心はがっちりとつかまれてしまったのだ。とにかく驚いたのは、全軍をもってしても不可能なことが、たった一人の人間の活躍によって成し遂げられることだ。一人のスパイが数千人の運命を決めてしまう」「私は進むべき道を決めた。スパイになろうと」

ドイツ語を学び、KGB（旧ソ連国家保安委員会）のスパイとして旧東独に五年間勤務したプーチンは、没頭した柔道を通じて日本の文化、歴史にも造詣が深い。日本で活動したドイツ人のソ連スパイ、ゾルゲに個人的な思い入れがあったようだ。

プーチンは〇〇年に最高指導者に上り詰めると、KGB時代の同僚をクレムリンに招き、最大派閥「シロビキ」を形成した。議会や裁判所、メディア、地方自治体を支配し、大統領の一元支配を確立。エネルギー産業や国策企業を統括し、反体制派を弾圧して異例の長期政権を築いた。

KGBはソ連崩壊時に分割・再編されたが、ロシアの情報活動や能力は拡大しており、フランスの政治学者、エレーヌ・ブランは現代のロシアを「KGB帝国」と呼んだ。

KGB時代のプーチン

「ウクライナはロシアの一部」とする特異な歴史観を持つプーチンは二二年二月、ウクライナ侵攻に踏み切り、第二次世界大戦後欧州最大の地上戦となった。ウクライナ侵攻は、プーチンが自ら考えて決断し、軍に命じたもので、「プーチンの戦争」といわれる。

プーチンがKGBに入省していなければ、巡り合わせで大統領になることも、ウクライナ侵攻もなかった。「ロシアのウクライナ侵攻は、ゾルゲ事件とつながっていると見ることもできる」（加藤哲郎、「東京新聞」二三年六月三日）
ゾルゲの存在がプーチンにKGBへの道を歩ませたとすれば、ゾルゲは死後もロシアと世界を揺るがせていることになる。

学校では「総理」と呼ばれる

ここで、「二十世紀最大のスパイ」といわれるゾルゲの略歴を紹介しておこう。一八九五年、石油業を営む裕福なドイツ人の父とロシア人の母の混血としてアゼルバイジャンのバクー郊外で生まれたゾルゲは、三歳の時、一家でドイツに移った。ベルリンでの少年時代について、ゾルゲはこう回想している。
「富裕なブルジョア階級にみられる平穏な少年時代を過ごした」「運動競技や歴史、文学、哲学、政治学では、クラスの誰よりも抜きんでていた」「時事問題は普通の大人よりもよく知っており、学校では『総理』と呼ばれた」「父は正真正銘の国家主義者だったが、私は政治的な立場はなかった」（獄中手記）
一九一四年に第一次世界大戦が勃発すると、学校生活への嫌気や戦争への興奮からドイツ陸軍に志願し、戦場で三度負傷する。入院中、従軍看護婦とその父の手ほどきで社会主義理論に目覚め、マルクスやエンゲルス、ヘーゲル、カントを読みふけった。一七年のロシア革命に衝撃を受け、ドイツ共産党に入党する。「ロシア革命は私に国際労働運動の採るべき道を示してくれた。私は理論的、思想的に支持するのではなく、現実にその一部となることを決意した」（獄中手記）

大学院で政治学博士号を得た後、ドイツで活動中、世界革命を目指すコミンテルン（国際共産党）代表団の接待やボディーガード役を務めた。その時、コミンテルン幹部のオシップ・ピャトニツキーらに認められ、本部スタッフとして働くよう勧誘される。二五年にモスクワに移り、ソ連共産党に入党した。しかし、コミンテルンでは文書仕事ばかりで、革命運動への限界を感じていた矢先の二九年、軍参謀本部情報本部にスカウトされ、三〇年からスパイとして上海支局に赴任する。

三年間の上海勤務では、朝日新聞記者の尾崎秀実や米国人左翼ジャーナリスト、アグネス・スメドレーらの協力で情報網を築き、中国の軍事情勢や国民党の動向、日本の中国政策に関する情報を入手。中国共産党との連絡役も務めた。

帰国後、モスクワでの研修を経て、三三年九月に東京に着任。ドイツ紙「フランクフルター・ツァイトゥング」の特派員を隠れ蓑に八年間活動した。この間、ドイツ大使館に食い込んでオイゲン・オット大使や武官らと親交を深め、有力な情報源とした。

東京では、再会した尾崎や仏アバス通信の記者、ブランコ・ブケリッチ、画家で米国共産党員の宮城与徳（よとく）、無線技士のマックス・クラウゼンを中核メンバーにゾルゲ機関を構築。四一年のドイツ軍のソ連侵攻、日本軍の南進決定というスクープをはじめ、多くの機密情報を無線通信でモスクワに送った。

しかし、日米開戦前の四一年十月、諜報活動を行ったとして全員が逮捕された。検挙されたゾルゲ機関関係者は三十五人に上り、内閣嘱託の西園寺公一、衆院議員の犬養健ら大物もいて、日米開戦を控えた政界を水面下で揺るがせた。裁判で死刑が確定し、逮捕から三年後の四四年十一月七日、ゾルゲと尾崎は処刑された。

ゾルゲ事件は日本最大の国際諜報事件であり、今も国際的関心を呼ぶのは、それが激動の時代を背景にし、政治的、思想的色彩が濃い特殊なスパイ事件だったからだろう。

一方で、ゾルゲ事件は多くの謎や神話に包まれてきた。英国のジャーナリスト、ロバート・ワイマントは、「ゾルゲという近代史上まれにみるスパイの生涯は、数々の仮構と歪曲と捏造に彩られている」と書いた（『ゾルゲ―引裂かれたスパイ』）。しかし、ロシア側の情報開示で、真相に近づくことが可能になった。

五十都市に「ゾルゲ通り」

秘密主義のプーチン体制下でロシアの情報公開は後退したが、情報機関の文書開示は進み、ゾルゲ関係文書の機密も大幅に解除された。そこには、プーチンの思い入れや、旧KGB出身者が中枢を占める政権への関係機関の忖度(そんたく)があるかもしれない。

プーチンは二〇〇〇年に大統領に就任した後、GRUの旧庁舎を訪れた際、セルゲイ・イワノフ国防相らと近くのゾルゲ像に献花したことが知られる。

モスクワのゾルゲ像は、クレムリンから北西約八キロの小さな広場にある。壁から抜け出したゾルゲが両手を外套のポケットに突っ込んで思案する像だ。広場を起点に、「ゾルゲ通り」が北に二、三キロ延びる。

一九六四年にゾルゲが名誉を回復し、「ソ連邦英雄」の称号を受けたのを機に「ゾルゲ通り」と改名された。銅像はゴルバチョフ時代の八五年に設置されたが、建立の決定はその数年前、長年KGB議長を務めたアンドロポフ共産党書記長時代に下されたようだ。

ゾルゲ通りに面したモスクワ第一四一学校は「リハルド・ゾルゲ名称記念学校」と称さ

れる。校内に六七年開設の「ゾルゲ博物館」があり、ゾルゲがモスクワで使った椅子など五百点が展示されている。ロシア語では「リヒャルト」が「リハルド」と表記される。二〇一六年に開通した近くのモスクワ地下鉄外環状線の新駅は「ゾルゲ駅」と命名された。ゾルゲが駅名になったのは初めて。

ゾルゲ通り周辺には、銅像や駅のほか、集合住宅「ゾルゲ9」「リハルド・アパート」があり、二二年に「リハルド・ゾルゲ記念公園」も誕生した。公園内に記念碑が設置される予定で、この界隈はゾルゲ一色となってきた。

近年、ウラジオストクやアストラハン、ブリャンスク、カザンなど多くの都市にゾルゲ像が建立された。

ゾルゲの無線電報は、東京からウラジオストクを中継してモスクワに送られた。一九年にウラジオストクに設置されたゾルゲ像は、地元の退役軍人協会の主導によるもので、除幕式で市長は「日本軍は北進しないとのゾルゲの情報で、極東の赤軍部隊はモスクワ戦線に移動し、独ソ戦の転換点になった」と功績を称えた。

ウクライナ侵攻作戦を進める南部軍管区司令部があるロストフナドヌーでも二三年、ゾルゲ通りやゾルゲ名称記念学校が誕生し、ゾルゲ像の除幕式が行われた。「ゾルゲ通り」

はロシアの約五十都市にあるという。

　これに対し、ロシア軍の侵略を受けるウクライナでは二三年五月、首都キーウ市議会が市内の「ゾルゲ通り」を廃止。代わりに日本とゆかりのあるウクライナ系詩人の名を取って、「ワシリー・エロシェンコ通り」と改名した。

　また、プーチン政権の肝入りで建設されたモスクワ西部の広大な「愛国者公園」の博物館で一九年、「傑出した軍事情報将校、リハルド・ゾルゲ展」が半年間にわたって開かれた。

　一九年には、国営テレビ「チャンネル1」で、歴史ドラマ「ゾルゲ」（セルゲイ・ギンズブルグ監督）が全十二回で放映された。ゾルゲがロシアで大河ドラマになったのは初めてで、特高警察役や愛人の石井花子役で日本人俳優も動員され、上海ロケが行われた。このドラマは、『スパイを愛した女たち　リヒャルト・ゾルゲ』のタイトルで日本でも上映された。

　全ロシア世論調査センターが一九年に実施した「最も有名なスパイ」の世論調査では、ゾルゲが一五％でトップ。プーチンは四％で四位だった。

多磨霊園が巡礼の地

在日ロシア大使館は二〇二〇年十月、東京都府中市の多磨霊園にあるゾルゲの墓の使用権を大使館が取得したと発表した。「大使館として、これからもゾルゲにしかるべき敬意を表するという観点から、話し合いを進めた」という。

ゾルゲの墓は戦後、銀座のホステスだった愛人の石井花子が遺体を探して建立したが、石井の死後、使用権を継承した姪は墓の権利をロシア大使館に譲渡するとの遺書を残し、一八年に亡くなった。ゾルゲの墓地管理料は、ロシア大使館が管理人の東京都に支払う。

墓碑銘には、「戦争に反対し世界平和の為に生命を捧げた勇士ここに眠る」と書かれている。

十一月七日のゾルゲの命日には、ロシアの駐日大使や武官が献花に訪れるが、近年は五月九日の対独戦勝記念日や六月二十二日のドイツ軍ソ連侵攻日にも墓参するようになった。二三年五月、ベラルーシやアゼルバイジャンなど旧ソ連諸国の大使らも参加した墓参で、ロシアのオベチコ臨時代理大使が「ゾルゲ氏は最も貴重な情報を引き出し、軍指導部の決定に貢献した。その結果、二正面戦争を回避し、ナチスによるモスクワ占領を阻止できた」と挨拶した。

一九年に訪日したショイグ国防相らも参拝しており、来日するロシア要人にとって、多磨霊園は巡礼の地となった。

二〇年には、戦勝記念行事の一環として、ゾルゲの墓の土が「愛国者公園」の大聖堂に納められた。

ラブロフ外相は二二年下院で、「サハリンや千島列島南部（北方領土）などロシアの領土にゾルゲの遺骨を埋葬し直す計画がある」と述べたが、その後うやむやになった。ゾルゲの墓と遺骨が宗教的価値を持ち始めた。

ゾルゲが東京の自宅書斎で愛用していたアジアの大型地図も、歴史家の渡部富哉・社会運動資料センター代表を通じてロシア国防省に寄贈され、一九年、モスクワで寄贈式典が行われた。この地図は、ゾルゲを取り調べた吉河光貞検事が戦後保管し、渡部の手に移っていた。

ショイグは式典で、「ゾルゲは大戦の初期段階に、ソ連軍の作戦立案に重要な役割を果たし、戦略的意思決定に大きく貢献した」と功績を称えた。式典には、ナルイシキンSVR（対外情報庁）長官らも出席。地図は国防省内に展示された。

ソ連建国の父・レーニンがソ連時代を通じて永遠のシンボルになったように、ゾルゲも神格化されつつある。

「世界を変えた情報機関員」

日本のメディアがゾルゲ事件を取り上げることは少ないが、ロシアでは逆で、報道機関が頻繁にゾルゲを論評する。

ネットメディア「Lenta.ru」（二〇二一年六月十二日）は、活躍したスパイを特集する連載記事でゾルゲを取り上げ、「ゾルゲは日本のエリート層に食い込み、ヒトラーと日本の計画を察知した。彼はドイツ軍のソ連侵攻を事前にスターリンに通報したが、指導部が無視した」「ソ連指導部は日本との捕虜交換でゾルゲを死から救う機会があったのに、スターリンはそれを却下した」とスターリン政権の怠慢を批判した。

「ガゼータ」紙電子版（二一年十月十八日）は、「ゾルゲが送信した最も貴重な情報は、日本が近い将来、ソ連を攻撃するつもりはないという内容だった。ソ連軍指導部はこの情報を信頼し、数十個師団や数千の戦車を西部戦線に移し、これが戦局の転換につながった」とし、ゾルゲを「史上最高のスパイ」「世界を変えた情報機関員」と称えた。

国営メディア「スプートニク」（二三年十月四日）は、ゾルゲの誕生日に合わせて、生誕の地アゼルバイジャンの首都バクーのルポを掲載。「ソ連市民権を得たゾルゲは三十一歳の時、バクーで休暇を過ごした。飛行機でやってきて、旧自宅を視察した」とする目撃者の話を伝えた。バクーのゾルゲ記念公園にある、目をかたどった大型モニュメントの写真も掲載した。

「スプートニク」はさらに、「ゾルゲの生涯は大きな謎であり、想像を絶する数の神話や伝説で覆われている。事実と虚構が判別しづらい」と指摘した。

政府系紙「イズベスチヤ」（二三年九月二十九日）は、アルセニー・ザモスチヤノフ「歴史家」誌副編集長による長文の評伝を掲載し、「現代においても、ゾルゲは最も有名なスパイであり、彼が実行した非合法活動は秘密戦の古典だ。小説のように刺激的な彼の生涯には、多くの伝説と解釈がある。毎年、この偉大なスパイに関する新しい本が出版される。我々は彼の悲劇的な運命の謎に引き込まれる。一つだけ確実なのは、誰もこの人物を凌駕できないことだ」と書いた。

同紙はまた、「彼の深く突き刺すようなまなざしは、人々の注意を引き付けた。彼の視線を受けると、女性たちは魅惑の虜になった」とするドイツ人の回想を紹介し、「スパイにとって、それは都合がよかった」と書いた。

ゾルゲ研究家のアレクサンドル・クラノフは、ゾルゲ生誕百二十周年に際して「コメルサント」紙（一五年十月五日）に寄稿。「バクーや東京で、ゾルゲの思い出の場所は消えつつある。ゾルゲの家も、石井花子と出会った銀座のドイツ・レストラン『ラインゴールド』も跡形もなく消えた」「モスクワにゾルゲの博物館があれば、ゾルゲに関する広範な資料や写真、彼が働いた中国や日本の建物の模型を展示できる」と述べ、ゾルゲ博物館の開設を提案した。

若手脚本家のエルネスト・スルタノフは二四年二月、ゾルゲのドキュメンタリー映画のための脚本を発表した。ゾルゲを「世界を変えた史上最高のスパイ」とし、映画化を目指すとしている。日本では、篠田正浩監督が戦前の東京をデジタル映像技術で再現した映画「スパイ・ゾルゲ」（〇三年）が知られるが、スルタノフのシナリオが映画化されれば、ロシアでは初の劇場映画となるだろう。

スイスでも「ゾルゲ」が活動

ロシアの報道には、盲目的なゾルゲ賛歌が目立つが、意外な情報や分析もあった。

ロシア軍事外交アカデミーのイワン・タラネンコ元講師（退役大佐）は、「独立新聞・

軍事版」（二〇二〇年四月十日）に寄稿し、第二次世界大戦時のソ連軍情報機関の活動について、「一九四一年八月から九月にかけて、日本にいたゾルゲとスイスに駐在したラドから、日本は対ソ戦に参戦しないという情報が入ってきた。これを受けて、スターリン指導部は極東から西部戦線に兵力を移動させる決定を下した」と伝えた。

ラドとは、ハンガリーの共産主義者シャンドル・ラドで、コミンテルン活動や出版業務を経て、三五年にソ連軍情報機関にスカウトされた。スイスで地図製作会社を経営しながらスパイ活動を行い、ヒトラー政権の動向をモスクワに伝えた。ゾルゲと似た経歴であり、国際機関のあるジュネーブで「赤いトロイカ」と称するスパイ網を運用していたという。

ラドが送った機密電報は、「四一年八月七日、日本の駐スイス公使は、ドイツが前線で決定的な勝利を収めるまでは、日本の対ソ参戦はあり得ないと話した」と伝えた。

ゾルゲが「日本政府は対ソ戦に参戦しないことを決めた」と決め打ちしたのは九月十四日で、スイス発の情報の方が早かったことになる。

当時の駐スイス公使は、戦後侍従長も務めた三谷隆信で、機密漏洩の疑いがある。ただし、大本営が最高機密を在外の外交官に通報したとも思えない。

この記事はまた、「四一年十月まで、ゾルゲの他にも、ベルギー、フランス、北欧、スイス、ブルガリアなどから、ドイツの軍事経済情勢に関する貴重な情報が届いた」とし、軍情報機関がゾルゲ以外にも情報網を組織していたことを指摘した。スパイ網は各国に張り巡らされ、ゾルゲは駒の一つだった。

しかし、「独ソ戦の開戦後、軍情報本部にとって想定外の事態が起きた。ドイツ国内の多くの情報源やエージェントとの連絡が途絶えた。四一年後半から四二年末にかけて、ブルガリア、日本、ドイツ、ベルギー、フランスのエージェントのネットワークも相次いで破綻した」という。この時期、ゾルゲ機関だけでなく、軍情報本部の海外スパイ網が次々に摘発されていたらしい。

ラドは独ソ戦中もドイツ軍の作戦や動向について貴重な情報を送り続けた。四四年にスイス警察の追及を逃れてソ連に脱出したが、翌年、スパイ容疑でソ連当局に逮捕され、九年間投獄された。スターリンの死後釈放されて名誉を回復し、ハンガリーで大学教授となって地図製作や測量を教えた。ゾルゲが日本を脱出していれば、同じ運命をたどったかもしれない。

シニカルなゾルゲの肉声

近年のロシアの著作では、ゾルゲと接点のあった二人の元情報機関員の回顧談が興味深い。

一人は二〇〇六年に百四歳で死去したボリス・グジで、一九三〇年代に外交官として東京で勤務した後、モスクワの軍情報本部で働き、ゾルゲの電報の受け手をしていた。生前会ったジャーナリストのニコライ・ドルゴポロフが著書『対外情報の天才』でグジの証言を伝えた。

「ゾルゲとは、三〇年代に東京にいた時期が重なったが、会ったことはない。帰国後私は、本部の日本課でゾルゲの連絡役を務めた。彼の電報を読み、要請や問い合わせに答え、上司に取り次いだ」

「ゾルゲは非常に知的で、並外れた才能とカリスマ性を持ち、優秀なジャーナリストでもあった。しかし、スパイなら、その法則を学ばねばならない。彼は防諜学校で学んでおらず、常に危険と隣り合わせという意識がなく、オートバイで東京を走り回った。事故を起こして重傷を負い、危うく病院でポケットの機密文書が見つかるところだった」

「ゾルゲは特高警察と特別な関係にあり、ある時、賄賂で懐柔したいと向こう見ずな提案をしてきた。戦前の日本ではドイツ人は表向き尊重され、何をしても許されたが、裏では外国人は厳しい監視対象だった。彼はしばしば、警察官にプレゼントを渡していたようだ」

対日諜報を専門としたグジは三七年、軍情報機関を襲ったスターリン粛清で「人民の敵」として拘束された。名誉を回復した後は諜報専門家として活動した。

もう一人、ゾルゲと因縁のある元軍情報機関員がミハイル・イワノフだ。陸軍士官学校を出たイワノフは日本語を専攻し、四一年初め、二十八歳で東京に武官補佐官として着任。戦後も日本、中国、トルコに勤務した。

イワノフは生前、「自身のアーカイブス」というサイトにゾルゲとのかかわりを執筆し、四一年五月、東京のグランドホテルで日本の外務省が主催したレセプションに出席した際、ゾルゲを目撃したことを明かした。

スパイ同士、話しかけるわけにもいかず、イワノフは近くで観察した。ドイツ人記者を装うゾルゲはカクテルを飲みながら、「ジャパン・タイムズ」の記者らと談笑し、ドイツの軍事作戦の話題で盛り上がり、ジョークを飛ばした。

ゾルゲは着任したばかりのソ連国営タス通信のサマイロフ記者に近づき、二、三分話して日本人記者の輪に戻った。会話は英語とみられる。

イワノフは後でサマイロフを捕まえ、「あの記者と何を話したのか」と尋ね、以下の会話を正確に再現してもらったという。

ゾルゲ「ベルリンから来た博士のゾルゲです」

サマイロフ「タス通信の新支局長のサマイロフです」

ゾルゲ「モスクワはどうですか？」

サマイロフ「普段通りです。劇場も、スタジアムもやっています。文化的な生活です」

ゾルゲは窓に近づき、広告の光であふれる東京の夜景を指差しながら言った。

ゾルゲ「ごらんなさい。何て美しい。もしここにスターリンの爆撃機が飛んで来たら、町はどうなるのか。人々は？」

サマイロフ「ゾルゲ博士、スターリンの爆撃機は理由もなくここには来ません。我々は侵略を支持しません」

他愛のない会話だが、ゾルゲはやがて始まる米爆撃機の東京空襲を予感していたかもしれない。

この頃ゾルゲはドイツ大使館から機密情報を得て、ドイツ軍のソ連侵攻が近いという警報を再三モスクワに送信していた。この一カ月後、ドイツ軍の大戦車部隊がソ連に全面侵攻し、史上最大の地上戦が始まる。

ゾルゲの肉声からは、緊張や怒りを超えてシニカルな諦観がうかがえる。

終戦を挟んで六年間東京に駐在したイワノフは、この半年後にゾルゲ逮捕後の処理に追われた。四五年八月の原爆投下後、外国人として初めて、広島、長崎に潜入することになる。（第五章参照）

危険な愛国主義

ロシアのゾルゲ人気は、プーチン政権が操る「官製」の要素が少なくない。

ロシア戦史学会はゾルゲの活動を周知させる啓蒙活動を行っている。歴史学者で学会員のアレクサンドル・コルパキジは、「祖国のために勇気と不屈の精神で犠牲を払った人物は、愛国心と英雄主義の模範になる。もっと学校でゾルゲを教えるべきだ」と訴えた。

二〇一八年にモスクワで開かれた戦史学会主催のゾルゲ・シンポジウムで、参加した専門家らは、ゴルバチョフ時代からエリツィン時代にかけて社会に広がった「ゾルゲへの侮辱的アプローチ」や「業績を過小評価する風潮」を阻止することで一致した。

二一年にサンクトペテルブルクで開かれたゾルゲ機関摘発八十周年の学術会議では、レオニード・トロポフ西部軍管区参謀次長が、「ゾルゲら情報機関員が提供した情報に基づいて、ソ連軍司令部はドイツ軍のすべての計画と意図を把握していた。戦後、インテリジェンスの役割は大幅に増大したが、今後の発展には、過去の情報機関の成功と偉業を想起することが重要だ」と強調した。

欧米との情報戦が激化する中、先駆者のゾルゲをプレーアップすることで、情報機関の奮起を促す思惑がありそうだ。

ウクライナ侵攻以来、国際社会で孤立するロシアでは、愛国主義が危険なほど高揚している。教育現場では、ロシア史を美化する歴史教科書が導入され、「ユナルミヤ（若き軍隊）」という青少年愛国団体も誕生した。二〇年の憲法改正では、「愛国心教育の義務化」「伝統的価値観の尊重」「歴史を捏造する動きへの対抗」の文言が書き加えられた。

二二年以降、週の初めに「大切なことを話そう」という授業が全国で導入され、国旗掲揚や国歌斉唱に続いて愛国心や歴史、道徳が教えられる。課外活動でAK47ライフル銃の組み立てや、模擬手投げ弾の投げ方など軍事教練も行われる。校内の至る所にウクライナ侵攻を応援する「Z」のシンボルマークが掲げられ、児童は「Z」と書かれたシャツを着て愛国歌を歌う。戦後日本の反戦平和教育を手掛けた日教組の幹部が知れば腰を抜かすのが、現代ロシアの教育現場だ。

第二次世界大戦の戦勝神話も派手に演出され、五月九日の対独戦勝記念日を全土で祝賀し、国営テレビは戦勝記念番組一色となる。レニングラード包囲戦、スターリングラード市街戦、クルスクの戦いなど節目の勝利記念日のたびに式典が挙行される。戦勝式典後は、大戦に参加した家族の写真を掲げて市民が行進する「不滅の連隊」が各地で行われる。

大戦を勝利に導いた独裁者スターリンを再評価する動きも進む。二三年七月の世論調査で、「スターリンは偉大な指導者だと思うか」との質問に、「そう思う」は五五%、「そうは思わない」は一二%だった。一九九〇年代初め、スターリンを支持する人は一〇%程度だった。

プーチンも「大祖国戦争の犠牲者数について誰が何と言おうと、我々は勝利した。スターリンを批判するのは勝手だが、勝利を収めるための別のアプローチはなかった」とスターリンの功績を称える。

国立サンクトペテルブルク大学のイワン・ツベルコフ准教授は、「戦勝の記憶は年々遠ざかるのに、戦勝への狂信的な信奉がロシアでますます強まっている。それはまさに、教義や儀式、聖地、最高司祭を持つ非宗教的な宗教となった。戦勝美化は古臭くて不適切だが、この狂信的な戦勝信奉を考慮しないと、ロシアの内外政策は理解できない」と指摘した。（ネットメディア「Russia Direct」）

プーチン政権にとって、時代はゾルゲが暗躍した大戦前夜の緊張に似てきた。祖国に貢献し、死刑台に立ったゾルゲを賛美することで、愛国主義を鼓舞する狙いがうかがえる。

プーチンは「凡庸なスパイ」

プーチンはKGBに十六年間所属したが、ゾルゲのようなスーパー・スパイではなかった。中途採用され、一匹狼として自在に活動したゾルゲと違って、プーチンは大学卒業後、巨大な官僚組織の一員としてKGBに就職した。

プーチンは一九七五年に入省後、最初の数年は出身地、レニングラード（現サンクトペテルブルク）のKGB支部に属し、防諜活動を担当した。欧米の自由化思想が流入したレニングラードのKGB支部は、反体制派への過酷な弾圧で知られた。

その後、研修を経て、モスクワの本部で対外情報を担当する第一総局に移り、念願の海外勤務に出る。しかし、勤務先はエリートが赴任する欧米の大都市ではなく、同盟国・旧東独の地方都市ドレスデンで、KGBでは二流のポストだった。

八五〜九〇年のドレスデンでの活動について、プーチンは「通常の諜報活動をしていた。情報を収集し、分析してそれをモスクワに送る仕事だ。政治団体に関する情報、政党やその指導者の傾向を探った。それが任務の大部分だった。決まりきった仕事だ」と述べていた。(『プーチン、自らを語る』)

ドイツの「ツィツェロ」誌は調査報道で、「プーチンはドレスデンで大した仕事をしていない。東独に留学する途上国の留学生を西独でスパイに仕立てる仕事をしていたが、二人しか見つけられなかった」と報じた。

反プーチンの女性ジャーナリスト、マーシャ・ゲッセンは、「ドレスデンでのプーチンの最大の成功は、コロンビア人の大学生を採用したことだ。そのつてでコロンビア出身の米陸軍少佐が、秘密でもない米陸軍のマニュアルをKGBに金で売った」と書いた。ゲッセンによれば、プーチンは旧西独の左翼テロ組織「ドイツ赤軍派」との連絡役を務めていた疑惑があるという。（『そいつを黙らせろ』）

当時、KGB第一総局で副局長を務めたニコライ・レオノフは二〇一七年、東独地方都市で閑職にいたプーチンを「凡庸なスパイだった」と評した。

プーチンは一九九〇年のドイツ統一に伴い帰国したが、本部に戻らず、レニングラード大学のKGBポストである学長補佐を経て、恩師のサプチャク市長の抜擢で副市長に就任。九一年の八月クーデター事件を機にKGBを退職した。

KGB同期の多くは将軍や大佐で退役したが、プーチンは中佐どまりだった。KGBのOBらは、プーチンが大統領に就任した後も、「あの中佐が……」と揶揄（やゆ）していた。しかし、プーチンが本部でエリートコースを歩んでいたら、大統領に上り詰めることはなかっただろう。

プーチンは二〇〇七年、米誌「タイム」（十二月三十一日号）の「パーソン・オブ・ザ・イヤー」に選ばれた時のインタビューで、KGBでの活動が大統領の職務に役立っているかとの質問に、「むろん一部の経歴は役立っている。KGBは自立して考えることや、客観情報の第一報と最も重要な情報をいかに入手するかを教えてくれた。情報機関で働くことで、人と一緒に仕事をすることも学んだ」と答えた。

実際には、KGBでの活動は、プーチンの政治意識と手法に巨大な影響を与えたはずだ。KGBの要員は、革命直後の発足時の名称「チェーカー」にちなんで「チェキスト」と呼ばれる。チェキストには退職がなく、永遠にチェキストといわれる。

木村汎・北海道大学名誉教授は、チェキストの世界観や思考法について、「第一に愛国主義者であり、領土の一体性や強いロシアに固執する。第二に、リアリストまたはプラグマティストであり、イデオロギッシュなソ連共産党のエリートとは異なる。第三に、KGBは内外の敵を探す機関であり、仲間しか信用しない。第四に、KGBの先達に対する忠誠心と尊敬の念が強い」と指摘した。(『現代ロシアを見る眼』)

プーチンが最高指導者に上り詰める経緯や統治手法については不明な点も多い。米国のロシア専門家、フィオナ・ヒルとクリフォード・ガディは、「現代の著名人のなかで、プーチンはもっとも謎多き人物だと言っても過言ではない。彼に関するあらゆることがミステリアスであり、謎に包まれている」と書いた。(『プーチンの世界』)

相反するゾルゲとプーチン

情報機関出身のゾルゲとプーチンは、ミステリアスな人物という点で共通する。

しかし、ゾルゲとプーチンでは、理想や哲学は大きく異なる。

ゾルゲはトロツキーやコミンテルンの流れを汲む国際主義的共産主義者で、「労働者の祖国」であるソ連を守るために情報活動を行い、反戦主義者だった。

逮捕後の「獄中手記」で、「ソビエト連邦は帝政ロシアと違って、国家構成の点から見ても、歴史的発展の経過から見ても、侵略国家ではない。近い将来に侵略国家になる考えも持っていなければ、その能力もない。ソ連は自らを守ることに関心を持っているだけだ」と書いた。

また、若い頃の第一次世界大戦への参戦に触れ、「私はいろいろと思いに耽った。そして、数千年の歴史を持つこの戦場で、欧州の無数の戦争の一つに従事して戦っていることに気が付いた。私は、この幾度となく繰り返された戦争がいかにも無意味なことを思った」「私は戦争が無意味であり、いたずらにすべてを荒廃させることを痛感した。（中略）唯一の新鮮で効果的なイデオロギーは革命的労働運動であり、革命という手段によって、将来の戦争の経済的、政治的原因を取り除くことができる」とつづっている。

ソ連に関するゾルゲの分析はナイーブで誤っていたが、第一次世界大戦の従軍経験から戦争を憎んだことが分かる。

これに対し、プーチンは国際法違反のウクライナ侵略を一方的に発動したことで、「欧州で幾度となく繰り返された戦争」に加担し、「すべてを荒廃」させ、「無意味な戦争」を戦っている。集合住宅や病院、原子力発電所、ショッピングモールを容赦なく攻撃し、占領地で虐殺や拷問を重ねて国際社会に衝撃を与えた。ロシア軍が前線に強力な陣地を構築し、ゾルゲが体験した第一次世界大戦型の塹壕戦を挑んでいるのは皮肉だ。

二〇二二年二月の開戦前の演説でプーチンは、「現代のウクライナはロシア革命直後にレーニンが作った人工国家だ。ロシア人が住む地にウクライナ共和国を一方的に形成した」「ロシアの歴史的運命の観点から見れば、レーニンの国家形成の原則は過ちであり、悪だ」と述べた。ゾルゲが敬愛し、理想とした革命の父・レーニンを、プーチンは酷評する。

プーチンはまた、「NATO（北大西洋条約機構）はウクライナを人質に取り、わが国に対して脅威を与え、大きな災禍を与えようとしている」と述べ、ウクライナ戦争を自己防衛の戦いと位置付けた。「この戦争に負けることは、一千年に及ぶロシアの歴史の終焉を意味する」とすごんだこともあった。

戦争を阻止するために国際共産主義運動に身を投じたゾルゲと、国粋主義を前面に出して戦争に走ったプーチンは、思想や哲学が全く異なる。戦時下のロシアで、国際主義者のゾルゲを「愛国者」と位置付けることはご都合主義だろう。

膨張する軍情報機関

ゾルゲが属したGRU（軍参謀本部情報総局）は、プーチン体制下で役割や規模が大幅に強化された。

軍情報機関はもともと、ロシア革命後の一九一八年、赤軍を編成したトロツキーが英情報機関の助言を受けて軍内部に設置した。レーニンとトロツキーが一九年に創設したコミンテルンとは交流があり、ゾルゲの異動もスムースだった。三〇年代後半のスターリン粛清で多くの幹部が弾圧され、独ソ戦さ中の四二年に現在の形態のGRUに編成された。

ソ連時代は軍のスパイ組織として、大使館員や武官の肩書を持つ合法的諜報員と、ゾルゲのような非合法スパイが各国に展開した。レーニンの側近、フェリクス・ジェルジンスキーが創設した秘密警察「チェーカー」を前身とするKGBとは別系統で、ライバル関係にあった。冷戦時代、規模はKGBが圧倒的に大きく、GRUは格下扱いされた。GRUは独立性、秘匿性が強く、特殊部隊を備え、アフガニスタン侵攻などで破壊工作を行った。

ＫＧＢはソ連崩壊時に連邦保安庁（ＦＳＢ）、対外情報庁（ＳＶＲ）、要人警護の連邦警護庁（ＦＳＯ）などに分割されたが、ＧＲＵは温存された。

二〇一〇年の軍改革に伴い、ＧＲＵの組織改編が行われ、役割や機能が強化された。現在は、ＩＴ技術や盗聴技術、偵察衛星情報を駆使し、「偽情報」（ディスインフォメーション）を含む「積極工作」（アクティブ・メジャーズ）を世界各地で展開する。

ＧＲＵはサイバー機能を装備し、欧米の選挙で偽情報を拡散したり、ウクライナや欧米諸国の政府庁舎などにハッカー攻撃を実施した。また、ＧＲＵ工作員が英国に亡命した裏切者の元情報機関員を化学兵器ノビチョクで殺害しようとするなど、海外で秘密工作を展開した。二四年春に欧州各地で頻発した謎の火災も、背後でＧＲＵが暗躍した可能性がある。秘密工作や破壊活動を行うＧＲＵの極秘機関「２９１５５部隊」や「５４６５４部隊」の存在が欧米で報じられた。

ウクライナ侵攻前、ＦＳＢの第五局が侵攻作戦を楽観視する誤った情報をクレムリンに提出したため遠ざけられ、代わってＧＲＵが秘密工作の前面に出たといわれる。

情報機関に詳しいジャーナリストのアンドレイ・ソルダトフは英誌「エコノミスト」（二四年二月二十日号）で、「ロシアの諜報機関は創意工夫をこらし、西側への復讐のために復活した。プーチンはスターリン時代の強大な秘密機関の栄光を取り戻そうとしている」と述べた。同誌はロシアの諜報活動が「失敗から学んで復活し、かつてないほど危険になった」としている。

ゾルゲの時代、「たまに軍事情報の任務を命じられることもあったが、重点は常に、指導部にとって必要な政治情報の収集に置かれていた」（獄中手記）とされる軍情報機関の任務と活動は一変した。

では、情報機関全盛のロシアで英雄視されるゾルゲのスパイ活動はどのようなものだったのか。次章からは新しい情報、資料を基に、ゾルゲ諜報団の実像を年代順に追った。

第二章　上海秘密指令（一九三〇〜三二年）

1930年代の上海

「東洋の魔都」に潜入

一九三〇年代の上海は、「東洋のパリ」「魔都」と呼ばれ、人口三百万人と中国最大の商工業都市だった。一八四二年のアヘン戦争後、列強は中国から強制的に上海の土地を租借し、「租界」と呼ばれる国際居留地ができた。賑やかな商店街や高層ビルの背後に工場が立ち並び、多くの底辺労働者や失業者を抱え、貧困層のスラムも密集していた。不夜城のナイトクラブやアヘン窟もあり、「東洋の娼婦」ともいわれた。

株式市場もあったが、一九二九年のニューヨーク・ウォール街の大暴落が波及し、中国産の茶や綿花の価格が下落、上海経済も深刻な打撃を受けた。

上海はまた、各国情報機関が暗躍する国際スパイ都市だった。滞在許可証は必要なく、入国が容易で、外国人の活動は比較的自由だった。華やかなパーティーやレセプションが毎夜開かれ、情報交換の場となった。租界ごとに英国警察、仏警察、中国警察が治安を担当。共産主義者への監視は厳しかったが、隙も多かった。

上海は中国共産党の拠点でもあった。二一年、コミンテルン中国支部として誕生した中国共産党は、社会の矛盾や貧困を背景に着実に勢力を拡大し、ソ連はコミンテルンを通じて多額の援助を注ぎ込んだ。しかし蔣介石率いる国民党と共産党の第一次国共合作は二七年の上海クーデター事件で破綻し、弾圧される共産党員が逃げ回っていた。ゾルゲが着任した上海はこんな状況だった。

「当時、ソ連共産党指導部の考えでは、中国では今にも『プロレタリア革命』が起こるはずだった。赤軍情報本部はこの時期、諜報機関を非合法活動に切り替えており、確実に本部に情報を伝えられる新形態の活動が必要になった。このため、ソ連公式機関と関係を持たず、外国語に堪能な新しいタイプの人材が求められ、ゾルゲに白羽の矢が立った」（フェシュン、『ゾルゲ・ファイル』解説）

ゾルゲを上海に派遣したのは、軍第四本部の伝説的指導者、ヤン・ベルジン本部長だった。ソ連軍独自の情報機関拡充を模索していたベルジンは、二九年にゾルゲを採用し、ソ連情報機関の盲点だった中国への赴任を指示した。

「私はこの任務を、一つはそれが私の性格に向いているため、もう一つは東洋の複雑な情勢に惹きつけられたために引き受けた」「私の興味の中心は中国にあった。欧州より、アジアに行きたいと考えていた」（獄中手記）

軍情報機関とコミンテルンの任務を帯びたゾルゲは、情報活動や調査のほかに、諜報ネットワークや無線通信網を確立する任務を与えられた。

コードネームは「ラムゼイ」に決まり、コミンテルン派遣員としても秘密裏に活動することになった。ゾルゲはまずベルリンを訪れ、ドイツ国籍を利用してパスポートを取得。「ドイツ穀物新聞」特派員の記者証を得て、社会科学雑誌と寄稿契約を結んだ。記者を隠れ蓑にスパイ活動をするのはベルジンのアイデアだったが、それは次の東京での活動に生かされた。

スメドレーとの肉体関係

一九三〇年一月、三十四歳のゾルゲはウラノフスキー新支局長ら二人の工作員とともに、マルセイユから客船で上海に上陸し、活動を開始した。

「ゾルゲはすぐにドイツ総領事館を訪ね、紹介状を利用して多くの在住ドイツ人有力者を紹介してもらった。領事の協力で、蔣介石が会長を務める権威ある中国自動車クラブの会員になった。記者の仕事と取材は、諜報活動の格好の隠れ蓑だった。初めの数カ月は、記者の仕事をてきぱきとこなした」「支局長は、ゾルゲが数カ月で上海のドイツ人社会に見事に溶け込んだと報告した」(アレクセーエフ、『あなたのラムゼイ』)

やがて、支局長が不祥事や警察の監視を受けて帰国し、三〇年秋にはゾルゲが支局長代行として上海諜報部で事実上の指揮官になった。

三年の上海駐在で、中国人や外国人を配したスパイ機関を構築し、広範な情報活動を行った。取材活動の名目で、広州、南京、北京、武漢、重慶、ハルビンなどを訪れ、湖北省や湖南省、安徽省の農村部にも足を延ばした。ゾルゲが三年間にモスクワに送った無線電報は約六百本とされ、書簡や資料も大量に送った。

アグネス・スメドレー

アレクセーエフは公文書調査から、ゾルゲが自ら選抜し、諜報網に加えたエージェントや協力者のリストを公表した。それによれば、中国人関係では「ルドリフ」のコードネームを持つ中国人がリーダーになり、助手兼通訳、協力者のリクルートを担当した。

ゾルゲは帰国後、本部への報告書で、ルドリフについて、「極めて役に立つ活動家で、最も頼りになった。最初は通訳から始め、協力者をリクルートし、組織者、仲介役も務めた。小ブルジョアの出身だが、学生運動に参加し、革命運動に身を捧げた。広東で出会い、三十歳過ぎで組織の最年長だった。カネにこだわらず、わずかな手当で、必要なら昼夜を問わず働いてくれた。英語を話す」と書いている。

中国人助手のルドリフは、本名が方文という。ゾルゲは獄中手記では、「私は非常に有能な男を見つけて、通訳として採用することにした。二、三ヵ月交際したのち、私の目的を語り、一緒に仕事をするよう求めた。私はこの中国人を王（ワン）と呼び、彼の妻もグループに加えた」と書いている。

二人目の助手「ガンス」は、「ルドリフほど強くも、賢くもない」としており、ルドリフが最大の腹心だった。中国語のできないゾルゲにとって、ルドリフは目と耳の存在で、新聞などの翻訳部門も統括したという。

ゾルゲ機関は上海だけでなく、南京、北京、漢口、河南省、湖南省、福建省、広東省、江西省などに複数の協力者を置き、それぞれグループリーダーがいた。ただし、諜報員という立場ではなく、情報を伝えるストリンガーの役回りだったらしい。その多くは、ルドリフがリクルートした。

外国人では、上海で活動する米国人女性作家、アグネス・スメドレーがゾルゲの盟友だった。女性解放運動を手掛け、『大地の娘』という自伝小説が世界で話題になり、中国共産党の活動家と親交があった。ゾルゲは獄中手記で、「上海に来た時、当てにしたのはスメドレーだけだった」と書いている。

「彼女はゾルゲより三歳半ほど年上だった。二人が初めて会ったのは、三〇年二月二十三日、彼女の三十八歳の誕生日と思われる。二人は会うやいなや肉体関係を結んだ。それから、互いに助け合う同志関係が生まれた」（ワイマント、『ゾルゲ―引裂かれたスパイ』）

スメドレーはゾルゲの諜報組織には直接関与せず、情報提供やエージェントの紹介で協力した。彼女を尊敬する在上海米領事館の米国人副領事二人も情報や資料を提供した。「米国人外交官はもう少しでソ連のエージェントになるところだった」（『あなたのラムゼイ』）という。

ゾルゲが真っ先に浸透したのは、蔣介石の南京政府に派遣されていた約六十人のドイツ軍事顧問団だった。ゾルゲは記者を装い、第一次世界大戦で負傷した功労者として堂々と近づき、将校らと親交を結んだ。顧問団から、蔣介石軍の編成や南京政府の内部事情、政治・経済政策等について膨大な情報・資料を入手し、モスクワに送った。

日本人の協力者には、朝日新聞上海支局記者の尾崎秀実、大陸浪人の川合貞吉、尾崎の帰国後、後任の役回りとなる聯合上海支局員の船越寿雄らがいた。

ゾルゲは獄中手記で、尾崎、川合、船越について、「彼らは、私が日本の満州政策、それがソ連に及ぼす影響、上海事変、日華の衝突、全般的な日本の大陸進出問題を調べるに当たって、大切な情報の供給者となった」と書いた。上海時代後半の活動が、東京でのスパイ活動に生かされた。

中国人助手が明かす上海のゾルゲ

ゾルゲが絶賛した助手のルドリフこと方文にとって、ゾルゲはどのような人物と映ったのだろうか。実は、方文は一九八八年、回想録『中国におけるゾルゲ』を中国で出版し、上海でのゾルゲ機関の活動を明かした。ゾルゲの動向をこれほどビビッドに伝える描写は珍しい。日露歴史研究センターが発行した『ゾルゲ事件関係外国語文献翻訳集』(No.27、28、29、30)が中国語から訳出している。

それによると、広州で教師をしていた方文は、マルクス主義に惹かれ、中国革命の道を歩んだ。三〇年五月、上海の友人から、スメドレーが広州へ行くのでアテンドしてくれと頼まれ、彼女の旅館を訪ねると、堂々とした体つきの外国人男性がいた。スメドレーは英語で、「この方はジョンソン博士。中国農村経済を研究している」と紹介した。方は広州で二人の家を探すのを手伝った。

　方がその後、教師を辞めて上海に移ると、スメドレーから連絡があり、訪ねるとジョンソン博士もいて、翻訳の仕事を頼まれた。翌日、二人だけで会うと、ジョンソン博士は本名のゾルゲを名乗り、「コミンテルン本部の命を受け、上海に情報網を作るためにやってきた。中国共産党を弾圧する蔣介石政権の政策を偵察し、中国共産党が反撃措置を取れるようにするためだ」と話した。

　方が「新聞記事翻訳の仕事なら手伝う」と答えると、ゾルゲは「翻訳の仕事は公の情報を収集するだけで、機密情報は得られない。公開の情報と秘密の情報を同時に扱っていかねばならない」と言った。さらに、「君はロシア語ができるのか」と問うので、方が否定すると、「ロシア語はレーニンの言葉だ。どうして勉強しないのか」とロシア語を学ぶよう勧めた。

「ゾルゲは資料収集からメンバー集めまで新たな要求を出してきた。彼が特に求めたのは軍事問題で、蔣介石軍の軍事編成、人員、動員にかかわる情報は遺漏があってはならないと強調した。そうした情報は新聞に出ていないと言うと、『別のところで取ればいい。君は翻訳グループではなく、情報グループだ。情報工作の第二歩に踏み出す時期だ。メンバーも補充してくれ』と求めた」（『中国におけるゾルゲ』）

ゾルゲはしばしば、中国特有の食堂へ連れて行ってくれと方に頼んだ。四馬路の路地にある上海料理店に行き、スッポン料理を薦めると、ゾルゲは喜んで食べたという。方は「酒量も大したもので、よく二人で痛飲した。ゾルゲは欧州の紳士と違って、もったいぶったりせず、小さな食堂で食事をしても嫌悪の表情を見せたことがなかった」と書いている。

三一年、世界を震撼させる事件が中国で続発した。九月には、日本軍が満州の鉄道を爆破して満州事変に発展し、日本は満州全域を占領した。十一月に中国共産党と紅軍は勢力を強め、瑞金に中華ソビエト臨時政府を樹立した。英米仏独などは蔣介石政権に巨額の借款と兵器を供与し、軍事顧問を派遣して支援した。中国に来て一年余のゾルゲは、モスクワから国民党政権内に諜報網を築くよう命令を受けた。

上海でのゾルゲの移動手段はオートバイだった。動き回るのに便利で、特務機関の尾行をまくのにも役立った。しかし、方が蔣介石政権の拠点がある南京での情報工作を頼まれ、戻ってくると、ゾルゲはオートバイ事故で足を負傷し、入院中だった。右足を吊っていたゾルゲは「危うくマルクスに招かれるところだった」とおどけたという。

退院後、方が「南京では見るべき軍事・政治情報は取れなかった」と伝えると、ゾルゲは「君を南京に派遣したのは、蔣介石の軍事本部にわれわれのために働いてくれる人がいるか探るためだった。君が南京で作った四つの関係は採用できる」「東北における日本の動向は、中国にとっても、ソ連にとっても戦略的に極めて重要だ。日本の野心は東北占領に満足せず、満州国を橋頭堡に次の侵略へ準備する可能性がある。これは、ソ連極東の安全にもかかわることだ」と力説した。

「ゾルゲは実に多くの政治思想と専門知識を授けてくれた。革命的諜報工作の戦略思想と運用、備えるべき思想と品性、生活態度。私が責任を持つ情報グループは四人に増え、鍛えられていった。われわれはわずかな生活費をもらうだけで、その他の報酬は一切もらわなかった。危険を恐れず、全精力をこの特殊工作に注ぎ込んだ」（『中国におけるゾルゲ』）

南京から戻った後、ゾルゲは方に北京に行くよう命じた。北京は日本が侵略する東北に近く、蔣介石軍が共産党軍を攻撃する拠点があった。方は蔣介石軍の東北司令部で秘書をしている同級生を訪ね、コミンテルンの任務を包み隠さず話すと、彼は情報提供を約束した。北京の進歩的大学生も仲間に引き入れた。こうした活動をゾルゲは高く評価し、「モスクワはわれわれの仕事を称賛している」と言った。

方はこれ以上活動を発展させるのは難しいと考えていたが、ゾルゲはそれを察知したのか、「蔣介石一派についてはかなりのことが理解できた。しかし、東北に居座る日本の軍事動向はほとんど分かっていない。モスクワから、この方面の工作を展開するよう指示を受けた。対日工作には十分な準備が必要で、工作員を訓練しなければならない。青年知識分子を集めてモスクワに送るのだ」と言った。

方は妻にモスクワ留学を勧め、第一陣十数人がウラジオストク経由でモスクワに行った。モスクワからは、迅速な行動に賛辞が寄せられたという。

方はゾルゲが三二年末に帰国するまで協力したが、その後は会ったことも、手紙を書いたこともないという。ただ、四一年のゾルゲ機関摘発後、本部の指示でモスクワに一時避難した際、自分が属した組織がソ連赤軍の情報機関と初めて知り、「ゾルゲに騙された」と失望したという。方はゾルゲから、「コミンテルンへの協力」を依頼されて手伝ったが、国際共産党のために働くことと、ソ連のために働くことは全く別の意味合いを持つ。

ゾルゲは自らをコミンテルン諜報員と名乗り、「国際共産主義運動への貢献」を訴えて、中国の若い共産主義者を欺いていた。

方は六二年に発行された『現代史資料　ゾルゲ事件』収録のゾルゲの獄中手記により、

ゾルゲが王という中国人助手と一緒に仕事をしたと供述していたことを知った。しかし、方は仮名でも「王」を使ったことはなく、「ゾルゲは小細工で敵を欺いてくれた。そのおかげで今も健在だ」と書いている。方は百二歳まで長生きした。

蔣介石情報を探れ

モスクワは上海支局に対し、情報収集の課題として、南京の蔣介石政府の外交政策や軍事力、各派閥の動向、共産党を含む反対勢力の活動、中国の経済状況や軍需産業、米英独仏日など列強の対中政策を指示していた。特に、中国の実権を握る蔣介石の動向調査は最優先課題だった。

中華民国建国の父・孫文が「革命いまだ成らず」の言葉を残して一九二五年に死去した後、蔣介石は国民党を掌握して北伐を行い、中国各地を制圧。二七年に南京に政府を置いた。蔣介石は同年、上海クーデター事件を起こして共産党を弾圧し、共産党は大打撃を受けた。共産党政権樹立を密かに狙っていたボロディンらソ連人の国民党顧問は罷免され、ソ連の対中政策は後退していた。

『あなたのラムゼイ』によれば、ゾルゲは中国での情報ネットワークを強化するようモスクワに要請。本部も同意し、駐在員を増やした。南京に諜報網を作り、広州と漢口（現武漢北部）に情報員と無線局を置いた。その後広州の無線局は閉鎖し、上海に移ってきた通信士が、東京で活動を共にするドイツ系のマックス・クラウゼンだった。ゾルゲがモスクワに送った暗号電報は、三一年だけで二百三十通に上った。

蔣介石は二八年に国民政府主席となり、北京入城を果たして国家統一を進め、反共を鮮明にした。外交は英米やドイツとの友好を重視し、日本には是々非々で臨んだ。

ゾルゲは三〇、三一年、蔣介石の動向や南京政府の内外政策、中国各地の軍閥の動きなどを詳細に本部に報告した。情報は新聞報道だけでなく、直接取材も多く、本部は「緊急性があり、時宜を得ている」と評価した。ゾルゲは中国情勢について、ドイツのメディアにも精力的に寄稿した。

アレクセーエフによれば、蔣介石に関する有力な情報源は、孫文未亡人で、蔣介石夫人・宋美齢の姉、宋慶齢だった。浙江財閥出身の宋慶齢は孫文の親ソ容共路線を継承し、上海クーデターに反対して蔣介石と対立。国民党を離党し、上海で人権活動をしていた。新中国成立後は共産党政権に迎えられ、国家副主席などの要職を務めた。

宋慶齢は孫文の時代からコミンテルンと密接な関係を持ち、蔣介石はソ連や中国共産党と接触するパイプ役として宋慶齢を利用していた。このため、ゾルゲは宋慶齢と容易にアクセスできたようだ。ゾルゲは帰国後の報告書で宋慶齢について、「週に一度は会い、緊密な関係を持った。ただ、中国では彼女は隔離されており、情報源としてしか使えなかった」と書いている。

少女時代から大学まで米国で学んだ宋慶齢とゾルゲは英語で自在に会話し、ゾルゲはモスクワとの交信で、彼女に「リヤ」のコードネームを使った。両者は、三一年に上海で逮捕されたコミンテルン幹部、ヌーラン夫妻の釈放運動でも協力する。しかし、宋慶齢はあくまで協力者であり、エージェントではなかったという。

三二年九月、ゾルゲは宋慶齢から得た情報として、蔣介石が汪兆銘を政権に復帰させようとしていることなど、汪兆銘の動向を本部に伝えた。汪兆銘はその後、蔣介石と対立し、四〇年に南京で親日政府を樹立する。

ゾルゲはまた、宋慶齢からの情報として、二八年に日本軍による爆殺事件で死亡した張作霖の息子で軍閥の張学良を、蔣介石が海外に追放しようとしていると本部に報告した。

ゾルゲは軍閥の若手実力者、張学良に注目し、詳細な動向をモスクワに発信していた。張学良は、反共を優先して父の仇である日本軍との戦いを避ける蔣介石に不満を持ち、三六年、蔣介石を拘束する西安事件を起こした。

西安事件で毛沢東は蔣介石の処刑を主張するが、国共合作による対日戦の強化を望んだスターリンは「蔣介石を釈放しなければ、コミンテルンを除名する」と恫喝(どうかつ)するメッセージを宋慶齢経由で共産党に送った。これを受けて周恩来が急遽(きゅうきょ)西安に駆け付け、蔣介石釈放と第二次国共合作で合意した。

「蔣介石監禁」は同盟通信上海支局の世界的スクープで、日本の陰謀説が流れたが、ソ連による謀略説もある。

ソ連はコミンテルンを通じて、二四年には士官養成の黄埔軍官学校を広州に設立。蔣介石が校長、周恩来が副校長を務め、国共合作を一貫して支援した。しかし、上海クーデター事件で蔣介石が共産党を弾圧し、共産党が地下活動に入ると、ソ連の対中政策は挫折した。西安事件で漁夫の利を得たのはソ連で、背後で暗躍していた可能性もある。

周恩来と秘密接触

ゾルゲは上海で、コミンテルンと中国共産党間の連絡役も務めたが、共産党最高幹部の周恩来と会っていたことが、元中国共産党工作員の回想録で分かった。

この本は、二〇〇二年に中国で限定出版された『毛沢東の親族、張文秋回想録』（広東教育出版社）。周恩来は一九三一年九月、部下だった二十代後半の女性、張文秋にコミンテルンの仕事を手伝わせるため、ゾルゲに引き合わせたという。

新中国で長年首相を務めた周恩来はゾルゲより三歳若く、当時三十三歳。共産党政治局常務委員、中央軍事委書記として、党中央が置かれた上海で地下闘争を指揮していた。周は二八年と三〇年に二度、それぞれ五カ月にわたってモスクワを訪れ、二八年にはスターリンと会談した。コミンテルンの中国側窓口役で、「モスクビン」のコードネームで呼ばれた。

二人の接触は、時事通信北京支局が二〇〇八年五月、「ゾルゲと周恩来、上海で秘密接触—元工作員が回想録」として報道した。回想録に書かれた接触のシーンは以下の通りだ。

一九三一年九月末のある日の午後。周恩来同志は私を伴い、車でフランス租界の高級ホテルに行った。下車すると、若い外国人が私たちを部屋まで案内してくれた。すると、スーツを着た身だしなみの立派な外国人が私たちを迎えてくれた。一目で私は、董秋斯（ロシア文学者）の家で会ったことのある、あの見知らぬ外国人だと分かった。

周恩来同志は「この方がコミンテルンの指導者、ゾルゲ同志。これからは彼の指導のもとで働くように」と私に紹介した。

次いで周恩来はゾルゲに、「あなたの意見を入れて、張文秋同志を連れてきた。彼女にふさわしい仕事を手配するようお願いしたい」と要請した。

ゾルゲは私たちに椅子をすすめながら言った。「ご安心なさい。必ず彼女にふさわしい仕事を手配する。ご協力いただき、本当にありがとう。まことに恐縮だが、もう数人寄越していただきたい」

周恩来同志は「承知した。あなたが指名した人なら、必ずこちらへ寄越すよう取り計らいたい」と答えた。

すると、ゾルゲが口を挟んだ。「いや、私はあなたたち党内のことはよく分からない。誰を指名したらいいのか、あなた方にお任せする」

周恩来は賛成の意思表示をし、笑って応じた。ゾルゲは感謝の言葉を連発し、喜んだ。

回想録によれば、周恩来はこの後、日中関係や中国の政治情勢を話し、張を残して立ち去った。ゾルゲは助手の呉照高を呼び出し、張を紹介すると、仕事の話に入り、二人が仮の夫婦を装って家を借り、組織を運営するよう指示したという。

張がゾルゲから最初に与えられた仕事は新聞を読むことで、十数紙から国民党の軍事、政治、経済の情報を集め、自分の判断や分析を加え、報告にまとめた。他の仲間が英語に翻訳し、暗号化してモスクワに送った。

アレクセーエフは、ゾルゲと周恩来が最初に会ったのは、ホテルでの面会の二カ月前とみている。コミンテルン執行委のピャトニツキー委員長は三一年七月三日付で軍情報本部のベルジン本部長に書簡を送り、中国共産党指導部を早期に復活させる必要があるとし、「周恩来らが早急に支配地区に移動し、政治局として活動するよう上海の諜報部に伝えてほしい。移動が危険な場合、周恩来らはモスクワ経由で行くことも可能だ。あらゆる手段を使って彼らを保護するようゾルゲに依頼する」と要請した。（『あなたのラムゼイ』）

ピャトニツキーは、ドイツでゾルゲをコミンテルン本部に勧誘した人物。コミンテルンは中国共産党指導部の再建を重視しており、ゾルゲがメッセージの伝達役だった。アレクセーエフは「コミンテルンが勧告した中国共産党の政治局候補リストと、実際の人事はやや異なっていた。ゾルゲが自分でリストに修正を加えた可能性がある」と推測している。

周恩来はゾルゲとの面会後、江西省瑞金に移動して毛沢東、朱徳らと合流。十一月に

「中華ソビエト共和国臨時政府」を発足させる。張は数年後、陝西省延安で周恩来と再会した際、上海でのゾルゲ機関の活動を報告したという。

ゾルゲ機関を手伝った張は一九〇三年湖北省生まれの古参党員。後に娘二人が毛沢東の長男・毛岸英、次男・毛岸青と結婚したことで知られる。回想録の出版前に九十八歳で死去した。

ソ連はコミンテルンを通じて中国の共産主義運動を支援し、中国共産党は国共内戦の勝利を経て、四九年に中華人民共和国を建国した。その四十二年後、育ての親のソ連共産党は消滅したのに、中国共産党が今日、党員数九千九百万人を擁する世界最大級の政党になったのは皮肉だ。当初はソ連が中国の圧倒的な兄貴分だったが、現在は国力逆転で、ロシアが中国の弟分になった。

ゾルゲと中国知識人の関係では、中国革命の元老で、党の諜報工作に携わった著名学者、陳翰笙との交流が知られる。

中国のゾルゲ研究家、楊国光の『ゾルゲ、上海ニ潜入ス』によると、上海にいた陳翰笙はスメドレーの紹介でゾルゲと知り合い、進歩的人士が集まるサロンで交流した。このサロンには、仙台に留学し、著名作家になった医師の魯迅や、北京大学学長として大学改革を進めた蔡元培らも参加していた。

陳翰笙の回顧録によれば、ゾルゲは陳と知り合った後、誰か信頼できる中国の若者を紹介してくれるよう頼んだ。後に経済学者になる孫冶方を紹介すると、最初の面会で孫がロシア語で話し掛けたため、ゾルゲは何も言わずに立ち去ったという。ゾルゲは公の場ではドイツ語と英語しか使わず、ロシア語は使わないようにしていた。孫の対応に警戒し、もう孫には会わないと陳に伝えたという。

陳は三二年二月、ゾルゲの西安行きに同行した。ゾルゲは西安で、四年後に張学良とともに蔣介石を監禁する西安事件の立役者で軍閥指導者の楊虎城将軍と面会した。ゾルゲは楊と接触することで、西安事件につながる根回しを図ったかもしれない。陳は会談に同席せず、ゾルゲが何のために楊と会ったのか尋ねなかった。陳は「これが秘密工作のルール」としている。

蔣介石を一時監禁した張学良と楊虎城は後に反逆罪で蔣介石政権に逮捕され、楊は戦後処刑された。張は国民党政権とともに台湾に移送され、四十年以上軟禁された。台湾の民主化後、ハワイに移住して百歳で死去するが、西安事件の真相は死ぬまで明かさなかった。

ゾルゲを凌ぐ主婦スパイ

ゾルゲが上海でリクルートした大物女性スパイが、ユダヤ系ドイツ人のウルズラ・クチンスキーだ。彼女は上海でゾルゲと出会い、ゾルゲに魅了されて助手兼愛人になった。ゾルゲの推薦でモスクワのソ連軍情報本部でスパイ研修を受け、大戦中は英国で活動。三児の母を隠れ蓑に、欧米の核物理学者に接近して原爆開発情報の入手で活躍し、ソ連原爆開発の立役者の一人となった。ゾルゲが付けた暗号名は「ソーニャ」だった。

戦後、旧東独に住んだウルズラは『ソーニャ・レポート』という自伝を執筆。スパイ物のノンフィクションを得意とする英国のベストセラー作家、ベン・マッキンタイアーが二〇二〇年に出版した『エージェント・ソーニャ』（邦題『ソーニャ、ゾルゲが愛した工作員』）で一躍世界に知られた。

自伝によると、ベルリンの著名な左翼経済学者を父に持つウルズラは、ドイツ共産党に入党し、ドイツ人の左翼建築家と結婚。夫が上海で建築業の仕事を見つけ、一九三〇年に移住した。上海の左翼活動家と交流する中でスメドレーと知り合い、スメドレーが彼女をゾルゲに紹介した。

ゾルゲは初対面のウルズラに情報活動への参加を求め、彼女は快諾した。ウルズラはゾルゲについて、「魅力的でハンサム。面長な顔、巻き毛の髪、顔には深い皺が刻まれ、鮮やかな青い眼、形の良い口をしていた」と書いている。ゾルゲは伝令係として彼女を利用し、フランス租界に家を借りさせ、夫のいない時、エージェントとの会合場所に使った。家は機密文書の保管場所になった。

当初、彼女は妊娠していたが、出産後、ゾルゲは一緒にオートバイに乗らないかと誘った。

「私はオートバイに有頂天になり、もっと速く走るよう叫んだ。リヒャルトは思い切り飛ばした。止まった時、私は生まれ変わった気分になった。（中略）この後、私は困惑を感じなくなり、二人の会話は充実したものになった」（『ソーニャ・レポート』）

「ソーニャ」ことウルズラ・クチンスキー

マッキンタイアーは「この心浮き立つバイクの遠乗り直後にふたりの関係がプラトニックでなくなったことを暗示しており、おそらく遠乗り当日の午後に、上海市外の農村地帯のどこかで一線を越えたのであろう」と書いている。

ウルズラの家では週に一度、ゾルゲと中国人協力者らの会合が行われたが、彼女は同席しなかった。協力者は彼女に中国語を教える名目でやって来たという。

ウルズラの貢献や忠誠心を評価したゾルゲは帰国後の三三年、モスクワの本部に報告書を送り、情報機関に正式採用するよう推薦した。

「ドイツ共産党員で、上海で働く建築家の夫を持つ。上海では、協力者との連絡員として働いてもらった。夫の不在時に面会場所として自宅を提供し、不都合な文書を保管した。信頼でき、真面目な女性だが、経験や政治的視野は特にない。好感の持てる人物だが、夫がいなければ利用価値はもっと高く、さらに進化するだろう。秘書として他の国で利用できるかもしれない」(『あなたのラムゼイ』)

ゾルゲが三二年末に上海を離れると、二度と会うことはなかったが、ゾルゲの後任、カール・リムに呼び出され、「モスクワで訓練課程に参加する気はないか」と誘われた。

反ナチと社会主義への信奉で固まるウルズラは同意し、本部の訓練センターで半年間、無線技術や格闘術、破壊工作、爆発物の使用、外国語と歴史、地理を学び、マルクス・レーニン主義を叩きこまれた。

研修終了後、夫と事実上別れ、子どもを連れたまま、上司の工作員と偽装結婚し、満州へ潜入。秘密工作に従事した。この工作員と関係ができ、二人目の子供が生まれた。その後、ポーランドやスイスでの活動を経て、英国人で年下の協力者と再び偽装結婚し、英国に渡った。

四二年夏、ウルズラはナチの弾圧を受けて英国に移住したドイツ出身の理論物理学者、クラウス・フックスと接触を開始した。フックスは四一年に始まった米英の原爆研究プロジェクトの中枢にいて、原爆製造の極秘情報をウルズラに流した。

フックスはウルズラの兄と同じドイツ共産党員として面識があったが、ウルズラの巧みな懐柔で打ち解け、進んで情報を提供した。フックスは四三年末に米国に渡り、前年に始まった秘密原爆開発「マンハッタン計画」に参画。ソ連側の担当官は軍情報本部からKGBの前身、GPU（国家政治保安部）に移り、原爆や水爆に関する国家機密がフックスを通じてソ連に筒抜けとなった。

ソ連は四三年から原爆開発を開始。米英での諜報活動が効を奏し、米国から四年遅れて四九年、初の原爆実験に成功した。「ウルズラがモスクワへ伝えた情報のおかげで、ソ連の科学者たちはやがて独自の核爆弾を製造できるようになった」とマッキンタイアーは指摘する。彼女はソ連軍情報機関で女性として初めて、大佐の称号を得た。ウルズラは「ゾルゲ以上の『マスタースパイ』であった」（加藤哲郎、『ゾルゲ事件』）といえる。

フックスは戦後、ソ連の暗号を解読する米英共同研究、「ヴェノナ計画」によってスパイと見破られ、四九年、英防諜機関、MI5に逮捕された。自白後、十四年の懲役刑を終えて、東独のドレスデンに移住。ドレスデンの大学で核物理学の教鞭をとった。その際、接近してきた中国の研究者にも核技術を提供したとされる。

フックスは、「私は自分をスパイだと思ったことは一度もなかった。（中略）圧倒的な破壊力を持つ核兵器は、すべての大国が平等に利用できるようにすべき、というのが、私の考えだった」と回想する。（『ソーニャ、ゾルゲが愛した工作員』）

フックスは八八年に死去するが、その頃、KGBドレスデン支部で活動していたのがプーチン中佐だった。

ウルズラも戦後、米英の捜査を逃れて東独に移住した。スパイをやめて童話作家になり、自伝は七七年に書いた。二〇〇〇年七月、九十三歳で死去すると、大統領に就任したばかりのプーチンは、ウルズラを「軍情報機関のすぐれた工作員」と称え、友好勲章を授与する大統領令に署名した。ソ連の原爆開発は、ゾルゲとウルズラの運命的な出会いがなければ、もっと遅れたかもしれなかった。

尾崎秀実との出会い

ゾルゲは一九三〇年末に上海で、最大の盟友となる尾崎秀実と出会ったが、誰の紹介で会ったかは議論の分かれるところだ。

一九〇一年生まれでゾルゲより六歳若い尾崎は、日本植民地下の台湾で育ち、東京帝大法学部を卒業後、朝日新聞に入社。学生時代からマルクス、レーニンを読み、左翼学生運動に参画した。英語、中国語、ドイツ語に堪能で、二八年から朝日新聞上海支局に勤務した。左翼系ドイツ人が経営し、コミンテルンが資金提供した上海の書店「ツァイトーガイスト」のサロンでスメドレーと知り合い、関係を深めた。スメドレーの自伝『大地の娘』を後にペンネームで翻訳出版したのも尾崎だった。

尾崎との出会いについて、ゾルゲは獄中手記で、「スメドレーの紹介で、上海で会った」と書いている。

これに対し、尾崎は逮捕直後の警察尋問で、上海にいた米国共産党員の鬼頭銀一がアメリカ人の「ジョンソン」との会合を設定したと述べながら、四二年三月の検察尋問では、

「スメドレーとともに、南京路の中国料理店で三人で会った」と供述を変えている。

加藤哲郎は、ゾルゲと尾崎の出会いを実現させた端緒はスメドレーではなく、上海ゾルゲ機関の周辺で中国共産党員とともに活動していた鬼頭銀一と結論付けた。(『ゾルゲ事件』)

同書によれば、三重県出身の鬼頭は渡米後、コロラド州のデンバー・カレッジを卒業。米国共産党に入党し、党の日本人グループで地下活動をした後、二九年上海に移り、輸送会社で働きながら、ソ連軍情報機関に協力した。

鬼頭が尾崎をゾルゲに紹介したとすれば、コミンテルンや傘下の米国共産党が、上海の日本人グループをソ連軍情報機関に協力させるため、積極的に動いたことになる。米国共産党は三三年、党員の宮城与徳をゾルゲ機関に協力させるため東京に派遣している。

ゾルゲが手記で、「鬼頭は私のグループのメンバーではなく、一緒に仕事もしていない。彼については全く記憶がない」と懸命に否定している点も奇妙だ。

この時期の米国共産党について、加藤は「革命運動ではとるにたりない弱小党でありながら、情報戦・諜報戦では世界各地の活動にさまざまな人材を提供できた。アメリカ共産党には、世界中のあらゆる人種・民族の、現地語と英語の両方を話せる亡命者・移民共産主義者が集まっていた。(中略)一九三〇年代の米国共産党は、ソ連共産党＝コミンテルンからそうした二重組織と位置づけられ、世界各地での工作担当者を輩出した」と指摘している。（『情報戦と現代史』）

三〇年代にモスクワと米西海岸を往来し、米国共産党日本人グループとの調整に当たっていたのが、コミンテルン幹部会員だった野坂参三だった。「昭和史最大の謎の人物」（立花隆）といわれる野坂は戦後、日本共産党最高幹部を長年務めたが、ソ連崩壊後の九二年、機密文書公開でソ連との内通が判明し、党を除名された。

尾崎秀実

同様に謎の多い鬼頭は三一年、治安維持法違反で日本側官憲に逮捕され、二年間投獄されたが、ゾルゲ機関については黙秘した。釈放後、南洋パラオ諸島で雑貨店を経営したが、三八年、店に出入りしていた男にすすめられたあずきを食べ、食中毒で死去した。スターリン粛清がピークの年で、謀殺説もあるという。

ゾルゲは尾崎と意気投合し、頻繁に会った。ゾルゲにとって尾崎は、「エージェント以上の存在だった。われわれの関係は仕事上でも、人間同士としても、非の打ちどころがなかった」（獄中手記）という。二人は、スメドレーの家や上海市内のレストランで意見交換した。

ゾルゲは当時、台頭しつつある日本が極東の台風の目になることを察知していた。「中国に対する日本の新しい政策は私の強い関心を引き、遂に日本全体について興味を持つようになった。中国で研究したことが、日本での活動に役に立った」（獄中手記）

ゾルゲの常識では判断のつかない戦前の日本の不可解な行動を、尾崎が的確に解説したようだ。

「満州国建国」をスクープ

ゾルゲの上海での情報活動は中国の動向調査が中心だったが、後半は一転して日本の中国大陸進出が最重要テーマに浮上した。一九三一年九月、満州事変が発生し、日本の関東軍が満州全土を制圧、三二年三月には傀儡（かいらい）国家「満州国」が誕生した。ソ連は日本と事実上国境を接することになり、日本の脅威が著しく高まった。

満州事変は三一年九月十八日、奉天（現瀋陽）郊外の柳条湖付近の南満州鉄道線路上で起きた小規模な爆発事件が契機で、関東軍は「張学良の東北軍閥による破壊工作」と非難し、大規模な軍事行動を起こした。

この柳条湖事件は、戦後のＧＨＱの調査で、関東軍高級参謀の板垣征四郎大佐と、関東軍作戦参謀石原莞爾中佐が首謀し、満州を制圧するための自作自演だったことが判明している。満州事変は、昭和前期の日本の破綻の幕開けとなった。

ゾルゲにとっては、満州事変で尾崎ら日本人エージェントの重要性が一気に高まった。記者として脂が乗っていた尾崎は上海の領事や武官、日本軍幹部に接触して情報を入手し、ゾルゲに提供した。爆発事件三日後の九月二十一日、ゾルゲは暗号電報をモスクワに送った。

「上海駐在の日本の武官は、満州作戦は日本政府の同意なしに開始され、作戦は満州に限定されていると主張した。奉天には二百七十人の日本の文官が派遣され、民政が敷かれた。日本はアメリカが対抗措置を取らないことを期待している。われわれは、この行動が反ソビエトの性格を持っていないと考えている」

情報はボロシーロフ革命軍事委員会議長ら軍幹部に回され、スターリンは数日後に不介入方針を決めた。日本の軍事行動が拡大すると、国民党政府は国際連盟に提訴したが、蒋介石は国内統一を優先して党内の対日開戦派を抑え、日本への敵対行動を避けた。

アレクセーエフによれば、ゾルゲは九月末、尾崎の情報を基に、「日本軍第二師団が新京（現長春）に集結し、ハルビンに向かう」「朝鮮駐留部隊が満州に北上中」「日本の上海駐在武官によれば、日本は黒竜江省全体を占領する決定を下した」とモスクワに伝えた。

また、「日本は清朝最後の皇帝・溥儀を擁して満州を独立させようとしている」と満州の独立を予告した。尾崎の情報とみられる「満州国建国」も、ゾルゲのスクープだったかもしれない。

ゾルゲは満州に飛んで情報収集できる日本人を探すよう尾崎に依頼し、尾崎は川合貞吉を紹介した。尾崎に心酔する大陸浪人の川合はその後、ゾルゲ機関を手伝うことになる。

ゾルゲは十月、本部に対し、「ようやく奉天で働いてくれる日本人を見つけた。近日中に到着する予定だ。彼はすぐれた資質を持っているので、大いに期待している。これは、中国北部で活動を拡大する第一歩にすぎない」と報告した。

さらにゾルゲは十月、上海駐在の日本領事の話として、日本海軍の巡洋艦三隻が上海に到着し、上海で日本人と中国人の武力衝突が起きるかもしれないと報告した。予告通り、三二年一月末から上海で日中両軍が衝突する第一次上海事変が起きたが、発端は、関東軍の板垣参謀が中国人を買収して日本人僧を襲撃させた事件だった。

同じく十月、揚子江流域の中国中部で日本軍の新たな挑発準備が進んでいるとのエージェントの情報を伝え、日本に戦闘行為を中止させるには、中国人の抗日闘争の強化が必要になると分析した。ゾルゲはその後も、日本軍の中国領内への展開状況を伝え、蔣介石が弱腰であることも指摘した。

ゾルゲは十二月、南京政府の内部で日本と妥協し、反ソ的な政策を進める動きがあり、積極的な外交政策を表明する犬養毅新首相の下で、こうした傾向が強まる可能性があると報告した。しかし、犬養は三二年五月、五・一五事件で暗殺され、大正期からの政党政治が終わった。軍部が主導権を握る中、三七年の盧溝橋事件を経て日中戦争が泥沼化する。

アレクセーエフによれば、三一年九月二十一日から三二年二月一日まで、ゾルゲは尾崎の情報に基づき、計二十通の電報を本部に送った。うち十一通は上海の日本領事館付武官の情報によるもので、十通がソ連軍最高指導部に供覧された。

「四カ月で二十通ということは、ゾルゲは尾崎と少なくとも二十回は会っている。つまり週に一度は会っていたことになる。この間の接触を通じて、互いの尊敬と信頼が深まったのは間違いない」(『あなたのラムゼイ』)

しかし、尾崎には帰国命令が出て、三二年一月末、朝日新聞大阪本社に異動した。

「後任は尾崎より劣る」

日中関係緊迫時の尾崎の帰国は、ゾルゲには大打撃だった。ゾルゲは一九三二年二月、本部に送った書簡で、「尾崎は記者として、日本の領事から武官まで関係を持った。彼は極めて信頼できる人物で、信頼感がなかったなら、縁を切っていた。彼の帰国は、われわれにとって取り返しのつかない損失だ。彼の組織が召還したので、尾崎は不本意ながら、上海を離れざるを得なかった。おそらく、組織が彼を信頼しなくなったのだろう」と報告した。

尾崎は既に三年以上駐在し、通常の異動とみられる。ゾルゲは社を辞めて上海にとどまるよう説得したが、尾崎は断った。

ゾルゲは本部に対し、満州事変後の日本の拡張主義を探るため、満州と北支に諜報網を築くことを提案し、「北京、天津、奉天に情報ネットワークを拡大したい」と本部に伝えた。

しかし、計画は順調に進まなかった。三二年二月、「奉天での活動は、厳しい監視体制と通信状況の悪さにより、成功していない。スタートは良かったが、そこから発展できなかった。あと一ヵ月調査を重ねる必要がある」と報告した。さらに、「正当化できないかもしれないが、貴重な人材を失ったことも付け加えたい」と、改めて尾崎の喪失を悔やんだ。

奉天に行ったのは川合貞吉で、ゾルゲは三月末、川合の情報をモスクワに通報。川合は奉天から日本語資料をモスクワに送った。ただし、川合へのゾルゲの評価は低く、獄中手記で、「彼は外国語を話さないので、尾崎が離任した後の接触に困難が生じた。彼との間に個人的関係は生じなかった」と書いている。

その間にも、三二年一月から上海で第一次上海事変が発生、日中双方で四万人近い死傷者が出た。満州国も誕生し、ゾルゲは川合を再び満州に行かせることを提案した。経費は二百五十米ドルで済むと本部の了承を求め、モスクワはすぐに賛同した。

しかし、川合はその後、上海の日本警察に非合法活動の容疑で逮捕された。数週間の拘束後、証拠不十分で釈放され、帰国した。ゾルゲは「これまでに二人が当地の気候に耐えられず、病院に収容され、医師の監視下にある。他に伝染しないことを願う」という表現で、鬼頭と川合が逮捕された不運を伝え、「健康で仕事に適した人物」を送れないか本部に問い合わせた。

ゾルゲが第一次上海事変の後、採用したのが同盟通信の前身である聯合の記者、船越寿雄だった。岡山県出身で、早稲田大学中退後、中国に渡航。日本語新聞社を経て聯合上海支局に雇われた。尾崎は帰国前、聯合支局長代理で魯迅の作品を翻訳した山上正義を後任に推薦したが、山上は断り、船越を推薦したらしい。当時、上海にいた日本人記者は、尾崎を含め左翼分子が多かった。

「モリス」のコードネームを持つ当時三十歳の船越は日本の公使や領事と接触し、情報をゾルゲに提供した。

三二年三月十四日、ゾルゲは船越の情報に基づいて、「日本はソ連に対する攻撃準備をしているが、しばらく戦争は起きない。日本は数年たったら米海軍に対抗できなくなると知っているので、当面は米国を主敵とみなしている」と報告。さらに、自らの情報分析を踏まえ、「日本の満州侵略に米国が反対し続けるなら、日本にとって対米戦争の選択肢が強まる」とこの時点で将来の日米戦争を予告した。

船越はゾルゲに対し、「軍事クーデターの可能性を含む日本の国内政治状況」や日ソ、日中関係、南京政府と日本の交渉、日本軍の上海からの撤収や満州への移動に関する情報など多面的な分析を提供した。報告はソ連軍や情報機関トップに回された。

しかし、ゾルゲは本部への報告で、船越について、「尾崎の情報より低質だった。彼はジャーナリストが既に知っていることしか伝えない」「関係は尾崎ほど発展していないし、忠誠心もない。知識は限定され、精力的ではない。なぜ諜報活動をしているかというと、尾崎へのシンパシーと職場での給料が少ないためのようだ。口は軽くなく、信用はできる」「(船越は) いまや私の唯一のソースだが、能力は低い。他には誰もいない」と書いている。

ゾルゲは三二年十月、上海からの最後の電報で、「日本人との関係は楽ではなかった。成功を収めたとは言い難い。少なくとも、この限定された社会ですぐれた協力者を探すのは至難の業だ。この問題には、一層の注意を払う必要がある。ここではあまりチャンスがなかった」と弱音を吐いた。

日本人との協力に自信を失いかけたゾルゲは、それから一年経たないうちに東京でスパイ活動を再開する。

ヌーラン事件処理で緊急帰国

ゾルゲが上海を去ることになったのは、一九三一年六月、コミンテルン極東代表だったヤコブ・ルドニク（別名ヌーラン）夫妻が上海で英国警察にスパイ容疑で逮捕された「ヌーラン事件」の影響があった。釈放工作に関与したゾルゲに捜査の手が及んだためだ。

ウクライナ系ユダヤ人のヌーランはコミンテルンの大幹部で、上海で三つのダミー会社を経営し、十カ所に住居を構え、コミンテルンのアジア諸国共産党向け支援金を取り仕切っていた。中国共産党向け援助は月平均二万五千米ドルに上り、日本共産党など他の支部の十倍以上だったことが、英警察の捜査で判明した。

秘密工作を察知した上海の英警察は蔣介石政権と連携し、三一年六月にヌーラン夫妻を逮捕。裁判で死刑判決が言い渡された。ヌーランは労組国際組織「汎太平洋労組」の書記を務めていたため、世界的規模で釈放運動が広がり、宋慶齢、魯迅、ロマン・ロラン、アインシュタインら内外の著名人が釈放運動に加わった。

ゾルゲはそれまで、ヌーランの組織の別動隊として活動していたが、コミンテルン本部の指令で三二年から釈放工作に関与し、腹心の方文らと奔走した。

ゾルゲはヌーラン救出のため、裁判官を買収することをモスクワに提案して承認され、作戦全体に総額十万ドルの巨額の買収費が拠出された。本部からの現金持ち込みや銀行への振り込み、その確認をめぐり、コミンテルンとゾルゲの間で混乱したやりとりを示す文書が残されている。ヌーラン夫妻は三七年になってようやく出獄しており、賄賂は役に立たなかったようだ。

釈放工作に関与する過程で、ゾルゲは英警察や中国官憲の捜査対象になった。ゾルゲは三二年九月、本部に対し、ヌーラン夫妻釈放に直接かかわることが諜報活動に予期せぬ影響をもたらす可能性があると指摘した。さらに、自らの帰国を提案し、「政治情報が手薄になるかもしれないが、後任がいなくても業務は続けられる」と伝えた。

十月十日、ゾルゲは「南京政府が諜報活動の痕跡を発見したらしいことが判明した。当地ドイツ人の噂によれば、私への捜査の範囲が狭まっている」と報告した。

翌日、第四本部のベルジン本部長は「ラムゼイは交代要員を待たずに出発せよ。でなければ、逮捕される」とし、緊急の帰国を命じた。

ゾルゲの正体を見抜いていた英警察

実は、上海で活動するゾルゲの動静は、共同租界を管轄する英警察によって密かに監視されていたことも分かった。監視記録は、米メリーランド州の国立公文書館に保管されている「上海市警察記録 一八九四―一九四九年」と題した文書計百十九箱の中にあった。

この文書は、国共内戦の激化で共産党軍が一九四九年五月に上海を占領する直前、新設の米中央情報局（CIA）が上海から船で持ち帰ったもので、CIAの手柄とされている。筆者はワシントンに駐在していた九八年、公文書館でゾルゲ関係の英文文書を見つけ、『ゾルゲはスパイ』、三〇年代初期に英が掌握―上海租界警察記録」として報道した。

ゾルゲは上海中心部の共同租界に居住したが、共同租界の警察部門を掌握する英当局に監視されていた。現場で監視していたのは、インド人警官とみられる。

英警察がゾルゲをソ連のスパイと疑い始めたのは、赴任から二年を経た三二年一月ごろだ。ゾルゲをマークした「D・S・I・エベレスト」と名乗る防諜担当の刑事が、一月十日付で作成した英文報告にはこう記載されている。

「信頼できる筋から、上海に居住し、リヒャルト・ゾルゲと名乗るドイツ人は、コミンテルンのメンバーだという秘密情報を入手した。ゾルゲは一月までワンカショー・ガーデンの一階二三号室に居住。アパートを出るのをほとんど目撃されず、常にタイプライターに向かっているか、彼をよく訪ねるドイツ人とチェスをしている。電話が頻繁にかかり、盗聴を恐れている。年齢は三十五歳くらいで、身長五フィート九インチ（約百七十五センチ）。背筋を伸ばし、中肉でヒゲをきちんと剃り、ドイツ語と英語に堪能。現在の住所は調査中」

この報告を受けて、同警察のビグノリス大尉は「ゾルゲの厳重な監視は、必ず興味深い結果を生む」と監視の強化を指示。ゾルゲの写真や筆跡を部下に配布した。

以下は、共同租界警察の内偵記録である。

「ソ連のエージェントとみられるゾルゲは上海到着後、アンカー・ホテル、YMCAホテルなどを転々とし、しばらく足跡を消した。その後、キャピタル・ビル、ワンカショー・ガーデンを経て、三一年十二月、レミ通りのレミ・アパートに移った。オートバイを購入、登録番号は2123。フランス租界警察交通部から入手した写真を焼き増しし、郵便局で入手した筆跡の写しとともに添付する」（日時不詳）

「ゾルゲの監視をフランス租界の警察に頼んだ。仏警察はまだ活動を掌握できていない」

（三二年八月二十九日）

「ゾルゲは一八九七年（正しくは九五年）生まれのドイツ人記者。哲学博士号取得。三〇年一月十日、マルセイユから上海に到着した。未確認情報によれば、彼はコミンテルンのメンバーで、三一年十二月、上海におけるコミンテルンの重要なエージェントと接触した」（三二年十月）

「ゾルゲはほとんど毎日、中央郵便局を訪ね、私書箱から手紙類を持ち帰っている。私書箱は1062号。彼の動向をこの数日、厳重に監視する」（三二年十一月）

「三三年一月初め、ゾルゲは奉天と大連に向かった。日本の中国政策に関する本を書くためらしい」（日時不詳）

英警察はその後も内偵を続け、ゾルゲをソ連のスパイと断定した。

「上海で活動するソ連スパイ」（三三年五月二十日付）と題する英警察の報告書は、ゾルゲ、スメドレーのほか、ライサ・ボロダフキナ、ウィルバー・バートンら十三人のソ連スパイを列挙した。十三人はロシア系を含めすべて欧米人で、尾崎ら日本人は含まれていない。

報告書に添付された捜査記録は、ゾルゲが居住したホテルや住宅の住所を明記し、「汎太平洋労組書記局」のメンバーだとしている。この組織は、コミンテルンが創設したプロフィンテルン（赤色労働組合インターナショナル）のアジア太平洋支部で、ヌーランが書記を務め、上海に拠点が置かれた。

この時点でゾルゲは既に上海を去っていたが、比較的早くゾルゲをソ連のスパイと断定した上海の英警察は、八年間ゾルゲの正体を見抜けなかった日本の警察より防諜能力が上回っていた。

共同租界警察の文書は三〇年代後半、一時日本側の手に入ったとみられる。日本軍は三七年の第二次上海事変で上海の支配権を強め、共同租界の警察権を確保した。しかし、日本側がこれらの文書をチェックした形跡はなかった。英文の文書とはいえ、英警察の残した記録に目を通していれば、ゾルゲを東京で素早くスパイと察知できた。

ゾルゲは三二年十一月十二日に客船で上海を離れ、日本経由でウラジオストクに向かった。獄中手記で、「任務がなかったなら、私はいつまでも中国に残っただろう。すっかりこの国の虜になってしまった」と述懐している。

尾崎が謎の北京訪問

ゾルゲ帰国後の一九三二年十二月末、朝日新聞大阪本社に戻っていた尾崎秀実が北京を訪れてスメドレーと再会し、ソ連との関係を復活させようとした。尾崎は逮捕後の尋問でこの時の北京訪問について供述しているが、公開されたロシア側資料を基に、尾崎の北京秘密訪問を探ってみよう。

ゾルゲの後任になった軍情報機関上海支部のリムはハルビンに向かう途中、北京でスメドレーと会って尾崎との会談内容を聞き出した。リムは三三年一月十七日、本部にこんな報告を送った。

「十二月末に元日本人協力者の尾崎が北京に来て、スメドレーに会った。彼女は尾崎との接触のため、われわれが北京に行ってもらった。その結果、尾崎はわれわれとの協力再開に同意した。

尾崎は、二月に一年半の予定で上海に滞在する日本人の教授を紹介してくれた。教授は尾崎の友人で、日本の内政に詳しいという。教授の到着とともに、船越との関係を切るつもりだ。船越は最近、仕事がずさんで、恐ろしいほどだ。尾崎は北京で、スメドレーを川合貞吉に引き合わせた。川合は、日本軍と緊密な関係を持つ北京在住の退役将軍を利用できるとしている」

上海支部のストロンスキーも一月十九日に電報を送り、「元協力者の尾崎はわれわれのために日本で働き、上海に情報を送ることに同意した。二人の日本人を紹介し、一人は天津の支部に協力し、もう一人は北京で活動する。それ以外に大連で利用可能な二人の連絡先を教えてくれた」と尾崎の協力を確認した。

この電報にはベルジン本部長の書き込みがあり、担当官に「ゾルゲと一緒に私のところへ来てくれ」と指示している。尾崎の協力再開を受けて、ゾルゲを東京に派遣する計画が動き出した。

リムは三三年三月、尾崎が紹介した教授に上海で会い、「良い印象を受けた。日本の省庁の派遣で中国語を学ぶらしい。当地の高官と会うため、多くの紹介状を持ってきた。やがてわれわれのために大いに力を発揮してくれることを期待する」と報告した。

尾崎が推薦したこの教授は、高松高商教授で共産主義者の堀江邑一だった。堀江自身が七八年の著作でこの時の上海行きを公表しており、それによれば、尾崎が兵庫で知り合った堀江に中国行きを勧め、堀江は上海の東亜同文書院に一年の予定で留学した。しかし、半年後に高商時代の政治活動を理由に上海で逮捕され、送還された。堀江はゾルゲ事件では検挙されず、戦後は日ソ親善運動に携わった。

尾崎は検察の尋問で、三二年末の北京訪問について、「スメドレーから重要な案件で相談したいので北京に来てくれといわれ、新聞社の休暇を利用して密かに北京に行き、徳国ホテルで会った。今後は中国北部で諜報団を組織することにし、川合が組織を構築することになった」と供述した。

北京行きはソ連側の要請だったとはいえ、尾崎は筋金入りの共産主義者で、精力的なソ連のスパイだったことが分かる。フェシュンは「恋愛関係にあったとされるスメドレーに会うのが目的だったのでは」と推測した。(『ゾルゲ・ファイル』解説)

第三章　東京諜報団の暗躍（一九三三〜四〇年）

2・26事件の東京

ゾルゲにとって、上海は東京での情報活動の跳躍台となった。ソ連の極東最大の関心事は日本との戦争の脅威であり、日本の政策と開戦準備を探る必要があった。

ゾルゲは逮捕後の検察尋問で、日本での役割は「日本がソ連攻撃を計画しているかどうかを最も注意深く観察すること」であり、「それが私の任務の唯一の目的だった」と答えている。

困難な任務に抜擢

日露戦争で日本はロシア極東の最大拠点だった旅順要塞を攻略し、日本海海戦でバルチック艦隊を全滅させた。ロシア革命後の一九一八年、日本は欧米列強とともに内戦に介入し、沿海地方やサハリン北部を占領、一時はバイカル湖付近まで攻め上がった。その後も日本は軍事力を増強し、三二年の満州国建国を経て、日本の脅威が著しく高まった。

この重要任務を達成可能な工作員として、上海で実績を挙げたゾルゲが当然のように抜擢された。しかし、自由奔放な国際都市・上海と違って、内向きで官憲の監視が厳重な日本での任務は困難が予想された。

ゾルゲは獄中手記で、「中国から帰ってくると、第四本部長のベルジンと新しい次長が心から歓迎してくれた。二人は私が中国でやった仕事に満足の意を示し、将来の私の仕事について詳細を打ち合わせたいと言った。時々、ベルジンか次長が私のホテルを訪ね、彼らの家に招かれた」「モスクワに長く留まっていたいという私の希望は容れられなかった。再び外国で活動するようにとの話であった。私は冗談半分に、日本で何か仕事ができるかもしれないと言ったら、数週間たって彼らはこの話を非常に熱心に取り上げた」と書いている。

ここで出てくる「次長」とは、第四本部のボリス・メリニコフ次長であることが、ロシアの歴史学者、エフゲニー・ゴルブノフが「独立新聞」（二〇〇六年三月三十一日）に寄稿した調査報告で分かった。

それによると、スターリン粛清で犠牲になったベルジンは一九三八年二月、秘密警察に提出した手書きの証言で、「ゾルゲを日本に派遣することを思いついたのは私だが、東京に非合法組織を作る計画を立案し、ゾルゲに説明したのは、私の副官だったメリニコフだ。彼が東京の中心部に拠点を設け、モスクワとの無線通信を確立し、軍事諜報活動を行う計画を策定した」と告白した。

ベルジンによれば、ゾルゲはこの構想に対し、「ドイツ人記者として日本で活動するのは十分可能であり、成功は確実だ」と楽観的だった。しかし、欧州の主要国と違って、非合法スパイの日本駐在は例がなく、ベルジンとメリニコフは当初、ゾルゲの活動を「実験的」とみなし、相当の時間が必要で、成功は難しいとみていたという。

メリニコフは赤軍に参加して内戦を戦い、ハバロフスクで一時日本軍の捕虜になった経歴を持つ。語学が堪能で、軍情報機関に移って日本と中国を訪れ、両国について研究したという。

ゾルゲは準備期間にメリニコフらの指導を受け、ソ連の日本専門家らと接触した。無線電報は、ゾルゲが英語で原文を書き、それを暗号化する乱数表として、ドイツ政府統計局発行の『ドイツ統計年鑑』を使用し、無線通信士も同行することが決まった。

この間、上海赴任前にロシア語の家庭教師を務めた恋人、エカテリーナ（カーチャ）・マクシモワと彼女の住宅で暮らし、後に結婚登録した。

ゾルゲは単身、三三年五月に出発し、ドイツで新聞社と記者契約を結び、要人の紹介状をもらった。その後米国に渡り、ワシントンの日本大使館を訪れた。米国を横断し、カナダのバンクーバーからカナダ客船「エンプレス・オブ・ロシア（ロシア女帝）」に乗船、横浜港に上陸したのは九月六日だった。ドイツでヒトラーが首相に就任し、日本が国際連盟を脱退した年だった。

その後、八年間のスパイ活動に三年間の獄中生活が加わり、計十一年以上日本で過ごすことになる。

午前中は仕事、夜は歓楽街

ゾルゲにとって最初の二年は助走期間だった。四ヵ月東京の山王ホテルに住んだ後、現在の港区麻布永坂町に木造二階建ての住宅を借りた。鳥居坂警察署から百五十メートルで、ソ連大使館にも近かった。

ゾルゲの一日はこうだ。睡眠時間は短く、午前五時には起床し、風呂に入った後、体操し、年配のメイドが作る朝食を取り、午前中はタイプライターに向かい、自宅で仕事をした。昼食後は一時間昼寝してオートバイで外出。外国メディアの支局が入る西銀座の同盟通信ビルやドイツ大使館、ドイツ人クラブなどを回った。夕方五時を過ぎると、帝国ホテルのバーに向かい、夜はあちこちのパーティー会場や銀座の歓楽街に出没した。

ゾルゲは大変な読書家であり、外国語で書かれた日本に関する書籍を約一千冊集め、古代から現代に至る歴史を研究した。その結果、「研究に乗り出すと、現代日本の経済や政治の問題を把握することは訳もないことであった」「日本の昔の歴史に照らし合わせてみると、現代の日本の外交政策も容易に理解することができた」と獄中手記に書いている。

ゾルゲは着任直後、現在の国会図書館の場所にあったドイツ大使館を訪れ、紹介状を駆使して浸透した。ドイツ軍連絡将校として名古屋に駐在していたオイゲン・オットに会いに行き、意気投合した。オットはその後、大使館武官を経て大使に昇格し、最大の情報源となる。

赴任当初は隠れ蓑である記者活動に重点を置き、外務省など省庁を回り、記者会見にも出て人脈を広げたらしい。

ゾルゲは一九三五年七月にモスクワに一時帰国した際、二年間の活動報告（七月二十八日付）を本部に提出。「人脈を作ることができたのは幸運だった。ドイツ人社会でそれを達成できた。最も重要なコネクションは、オット陸軍武官との個人的関係だ。彼からは、日独関係や日独軍事協力のほとんどの内容を知ることができ、彼がベルリンに送った報告も見ている。海軍武官や貿易担当書記官とも緊密な関係を築いた。オットを通じ、ドイツ語を話す日本人将校とも知り合いになった」と伝えた。

また、「アメリカ人には表面的に浸透したが、英国やフランスのサークルには浸透できなかった。オランダ人とは良好な関係を築いた。ナチス党員のビジネスマンや技術者らが率直に情報を提供してくれた」としている。ゾルゲは東京でナチス党員になり、おそらく世界で唯一のナチス党員兼ソ連共産党員だった。

ゾルゲは二年間でエージェント網を整え、諜報機関を構築した。朝日新聞大阪本社にいた尾崎秀実とは三四年六月、宮城与徳の仲介で、奈良の猿沢の池で運命的な再会を果たし、情報活動への協力を依頼、尾崎は快諾した。

オイゲン・オット独大使

報告書は尾崎について「政治的に洗練され、非常に賢く、有益だ。中国で共同作業をして実証済み。全幅の信頼を寄せている。彼の人脈は様々な層に及び、最近では軍部とのつながりもある」と評価した。尾崎はゾルゲと再会後、東京本社に異動し、三八年に退社。退職後は近衛内閣参与や満鉄調査部嘱託職員として勤務し、最大の情報源となる。

沖縄出身の画家、宮城について、ゾルゲ

は「献身的で忠実な部下。主体性はあまりないが、監督下ではよく働くタイプ。人脈は広くなく、芸術家やかつての学友、友人がいるだけだ」としている。しかし、英語ができるバイリンガルの宮城は、資料の翻訳や通訳でゾルゲを助けた。ゾルゲは尾崎、宮城とは英語で会話し、英文電報の作成が容易だった。

クロアチア人で、コミンテルンから派遣された仏アバス通信（AFP通信の前身）記者のブランコ・ブケリッチについては、「残念ながら、のろまだ。意思の弱いインテリで、芯がない。唯一の価値は、彼のアパートを作業場として使っていることだ」と手厳しい。

報告はこのほか、初期の協力者として、尾崎が紹介した予備役砲兵将校で反戦家の篠塚虎雄、上海でも協力した川合貞吉、ユダヤ系ドイツ人で英国紙記者のギュンター・シュタインらを挙げた。

さらに、「日本の興味深い都市を訪れ、台湾や朝鮮にも行った。鉄道、港、軍隊などのデータを郵送し、写真も同封した」としながら、「閉鎖的な環境下で日本人と出会うのは非常に難しい。価値ある仕事はまだ少なく、作業も遅れている。この国の特殊性を考慮して評価していただきたい」と書いている。

一方、情報の受け手となる軍情報本部第七部（極東担当）のポクラドク部長は、ゾルゲ

ブランコ・ブケリッチ　　マックス・クラウゼン

は過去二年間に計四十本の資料を送ってきたとしながら、①軍事関係の報告は一般的で、日本軍の新情報はなく、公開資料に基づいている、②経済に関する本格的な研究を行っていない、③政治的な情報は非常に遅く、ドイツやオランダの外交官の情報も活用されていない——と厳しい評価だった。

部長はモスクワでゾルゲと面会した印象として、「彼は衝動的でおしゃべり、秘密主義で不誠実、二重人格の印象だ。言動には仰々しさと演技がみられ、落ち着きがない」とし、本格的に鍛えないと、活動は期待できないと上司に報告した。（八月十三日）

問題点の一つは、モスクワとの無線通信が十分機能しなかったことで、情報の多くは上海経由のクーリエ（密使）を通して送られ、本部への到着が遅れた。無線士の能力やウラジオストクの中継局に技術的問題があった。ゾルゲは無線士を帰国させ、上海で一緒だったクラウゼンを後任の技士として常駐させるよう依頼し、了承された。

クラウゼンは着任後、オートバイ販売や複写機製作所の経営を隠れ蓑に、東京で資材を集めて携行型無線通信機を組み立てた。中継局も改善され、モスクワとの交信が徐々に可能になった。

二・二六事件で脚光を浴びる

ゾルゲの評価が、モスクワの本部と在日ドイツ大使館で急上昇する契機は、陸軍青年将校が決起して失敗した一九三六年二月の二・二六事件だった。

第一師団の青年将校二十人が天皇親政の「昭和維新」を掲げ、傘下の兵士約千五百人を率いてクーデターを決行。高橋是清蔵相ら重臣三人を殺害し、首相官邸周辺を占拠した。しかし、天皇が重臣らの殺害に激怒し、「賊徒」とみなしたことで、四日後には収束した。将校は厳罰に処せられ、昭和史に深刻な爪痕を残した。

事件は国際的にも大きな注目を呼んだ。特にドイツ大使館は周りの国会議事堂や陸軍省が反乱軍に占拠され、道路が封鎖されたことでパニックになった。ゾルゲはカメラと記者証を持って反乱軍の最前線に赴いた。

ゾルゲは獄中手記で、「二・二六事件が起こると、私は全員に全力を挙げてあらゆる情報を集めるよう指示し、情報を基に自分で判断を下した」「事件は外国人にとって大きな驚きであったが、いかにも日本的な特性を備えたもので、その原因を特に探求してみる必要があった」「モスクワも単に軍事的な見地からばかりでなく、広く政治的・社会的な見地からこの事件に関心を示した」と書いている。

宮城は新聞やビラを英語に翻訳したほか、兵士の噂話や当局者の声を集め、「青年将校らは小火器しか持っておらず、反乱は最初から絶望的だ」とゾルゲに報告した。宮城はまた、事件は対ソ開戦を主張する皇道派と、より慎重な統制派の内部対立であり、鎮圧の結果、統制派が権力を強化し、ソ連攻撃よりも中国への侵攻を選択すると予測した。

尾崎は有楽町の朝日新聞本社に陣取って情報を集め、「反乱は資本主義を嫌悪する農村出身の将校らによって先導され、超国家主義者、北一輝の革命的イデオロギーに触発された」とする報告をまとめ、ゾルゲに渡した。

ゾルゲは二人の意見を参考に、詳細な報告書を作成し、大使や武官に提出。ドイツ軍参謀本部はこの報告書に感心し、さらに詳細な研究報告をゾルゲに依頼したという。

この時期はクラウゼンの新型通信機がまだ実験中で、報告のほとんどはマイクロフィルムに収め、密使を通じてモスクワに運ばれた。このため、モスクワへの到着は遅れたが、内容はドイツ大使館に提出した報告と同じだったはずだ。

解禁された文書によれば、ゾルゲは二・二六事件でこんな報告をモスクワに送った。

「ドイツ大使はベルリンへの報告書で、日本の関係者は反乱軍将校にコミンテルンの影響があると疑っていると伝えた。運転手や商店主の間では、決起の背後にソ連の影響があると噂されている。こうした情報やソ連大使館周辺の動きをみると、日本はソ連大使館に敵対する行動を仕掛ける可能性がある」（五月十三日）
「日本で新たな内乱が発生する可能性がある。若手将校団の間では、現政権を倒して権力を奪おうとする新たな試みが準備されているようにもみえる。それは必然的に外交政策に影響を与え、戦争を引き起こすことになる」「日本は国内の苦境と対外膨張の衝動の狭間に立たされ、冒険主義的な路線を選びつつある。純粋な軍事的視点から見ると、二・二六事件の混乱にもかかわらず、戦争準備は進んでいる」（五月）

モスクワの本部は「この数カ月のあなたの活動には満足している。報告や郵便物はきちんと受け取っている」と評価するメッセージを送った。
二・二六事件をめぐるゾルゲの分析は、ドイツ誌「地政学雑誌」(三六年五月号)に掲載された「東京における軍隊の叛乱」という論文に詳しく書かれている。(『ゾルゲの見た日本』)
論文は、「陸軍部内におけるこの過激な政治的潮流の最も深い原因は、日本の農民と都市の小市民の社会的貧窮である。(中略)兵士のほとんど九〇パーセントは地方出身である」と階級闘争の要素が背景にあることを指摘。「それにしても多くの変化があった。元老の地位は根底から動揺し、その役割は明らかに小さくなり、これで叛乱青年将校たちの目標の一つは部分的に達成された」と述べ、政党、元老、官僚、軍の勢力争いの中で、叛乱後は陸軍が著しく優勢に立つと予測した。
また、社会の動揺や論争から距離を置いた海軍の毅然たる態度と団結が叛乱拡大を阻止する重要な要素になったと分析。「二・二六事件がもっと重大な騒乱への始まりとなるか、また日本の重大危機における内部結束への転機になるかは、(中略)基本的な社会改革いかんにかかっている」と締めくくっている。

ゾルゲはこうした分析をドイツ大使館とモスクワに同時に送ることで、双方から賞賛を得た。検察の尋問では、「このようにして、私は研究し書くことで、ドイツ人の信頼と同時に、貴重な資料を密かに探り出すという、一石二鳥の結果を得た」と述べている。

二・二六事件後、外国人への監視が厳しくなり、ゾルゲは一時警察に拘束されていたことも分かった。

ゾルゲは五月末に送った「組織報告」で、厳戒下で活動が制約されていることを指摘し、「私が四時間にわたって拘束されたことを伝えねばならない。二・二六事件の後、カメラを持って街で写真を撮っていたら、それだけで逮捕されてしまった。一緒に歩いていたドイツ大使館員と大使館のおかげで解放され、特に問題はなさそうだった。大使館を通じて憲兵隊に問い合わせたところ、記録に残っていないとのことだったが、日本人との接触や資料の入手が難しくなってきたことが分かる」と伝えた。

これに対し、本部は七月二十五日付で、「状況の複雑化は十分理解する。二・二六のような重大な出来事の現場にカメラを持って現れる危険性を十分認識してもらいたい。拘束の報告が遅れたことと併せ、強く憂慮する」と慎重な行動を求めた。

日独防共協定を通報

二・二六事件と並行して密かに進んでいたのが、一九三六年十一月に調印された日独防共協定の準備で、これもゾルゲが事前にスクープした。欧州で孤立するドイツと、ソ連への脅威感を強める日本は関係を強化していたが、これを主導したのは、ヒトラーを崇拝する大島浩駐独大使館武官と、ドイツの軍縮全権代表だったリッベントロップ（後の外相）だった。

二人の秘密交渉は、オット武官がたまたま日本軍参謀本部の知人から耳にし、ゾルゲに打ち明けた。オットは「大使も私も何も聞いていない秘密事項のようだ。ベルリンの参謀本部に問い合わせてみるので、暗号作成に君の力を借りたい」とゾルゲに頼み、二人で暗号を作成したという。（検察尋問）

ドイツ軍参謀本部からは、電報では伝えられないので、日本側に問い合わせてほしいという回答が届いた。両国の外務省は日独防共協定に否定的で、大島とリッベントロップの二人が独走していた。ゾルゲは日独防共協定に強く反対するよう大使やオットに仕向けたが、大使らも締結には懐疑的だったという。

ゾルゲは大使と武官から仕入れた情報をモスクワに通報した。

「大島とリッベントロップの交渉に関与しているドイツ軍高官のヘックが日本での調査という密命を帯びて来日した。彼によると、リッベントロップは日本との同盟には、少なくとも英国の黙認を得る必要があると考えており、日本側もそれを支持している。ベルリンは締結を急いでいない」（五月二十二日）

「オットが一時帰国中のディルクセン大使から届いた報告を見せてくれた。大使が会ったドイツ情報局長官は『対ソ戦では、日本軍がソ連に対して戦力になるとは思えない。極東と欧州のソ連軍はそれぞれ独立しているからだ。条約はドイツより日本に多くの利益をもたらす』と否定的だったという」（六月二十七日）

「交渉をまとめるため、日本軍参謀本部の代表がドイツに派遣された。日本は国際的な孤立を回避するため、同盟国を必要としている。ドイツとの条約締結により、ソ連と共産主義の脅威から自らを守ることを狙っている」（七月三日）

「日独の条約は秋か冬にも締結されそうだ。当初の案文より広範な内容になり、政治・軍事的要素に加え、軍事援助条項も含まれる可能性がある」（八月二十九日）

「交渉は最終段階に差し掛かった。日本軍参謀本部は大島に重要な指示を出した。ドイツ側は、拘束力のある合意を結ぶことは避けたいと考えている」（十月十三日）

結局、ゾルゲの反対工作は奏功せず、日独防共協定が三六年十一月、ベルリンで調印された。「反コミンテルン協定」といわれる協定は、日独がコミンテルンの世界的活動に対して情報交換や共同戦線を敷くことをうたい、表向き重要な内容ではない。

しかし、条約には秘密条項があり、「一方がソ連の攻撃を受けた場合、共通の利益を守るために協議し、ソ連を利する行動を一切取らない」ことをうたっている。これは軍事同盟ではないが、日独がソ連を仮想敵国とみなしたものだ。

調印式から戻ったディルクセン大使は、秘密条項の全文をオットに見せ、オットはゾルゲと共有した。ゾルゲはそれをモスクワに送り、スターリンら最高指導部に回覧された。ソ連はゾルゲからの情報で、交渉の内幕を完全に察知しており、協定締結に驚くことはなかった。

ソ連軍情報本部のウリツキー本部長は十二月、ボロシーロフ国防人民委員（国防相）に書簡を送り、厳しい条件下で活動し、二・二六事件や日独関係の資料・情報を提供し続けたゾルゲとクラウゼンに「赤星勲章」を授与するよう要請した。

日独防共協定は、三七年にイタリアも加盟して三国協定となり、四〇年の日独伊三国同盟につながる。

スターリン粛清が猛威

ソ連全土で吹き荒れたスターリン大粛清のピークは、一九三七、三八年だった。猜疑心の強い独裁者スターリンは、絶対権力掌握のため、政権幹部や軍人、一般市民を逮捕する大規模な政治的弾圧を行った。二年間に百三十四万人が反革命罪で有罪になり、六十八万人が死刑判決、六十三万人が収容所へ送られたとの統計がある。これは「反革命罪」で裁かれた者だけで、実際の逮捕者は数百万人に上るとされる。

粛清はまず、ジノビエフ、カーメネフ、ブハーリンといった共産党政治局員から始まり、軍人、情報機関員、コミンテルン要員など幹部が血祭りに上げられた。ゾルゲの属した軍情報本部の粛清が始まったのは三七年半ばで、スターリンは軍の拡大会議で、「軍事部門の諜報組織は弱く、スパイ行為で汚されている」と粛清を予告した。これに伴い、ゾルゲ周辺の人物も次々に弾圧された。

フェシュンの調査によれば、ゾルゲを指導したメリニコフ次長は三七年四月に逮捕され、「ゾルゲを日本に売り渡した」と自白させられて七月に銃殺された。ゾルゲを軍情報本部にスカウトし、上海行きを命じたベルジン元本部長は三七年十一月に逮捕され、「ゾルゲはドイツ諜報部のスパイ」と自白を強いられ、三八年七月に銃殺された。ゾルゲに「赤星勲章」授与を申請したウリツキー元本部長は三七年十一月、米国のスパイとして逮捕され、三八年八月に銃殺された。

上海でゾルゲの後任になったリムは三七年十二月に逮捕され、「ゾルゲはドイツと英国の諜報機関のスパイ」と自白させられ、翌年銃殺された。ゾルゲの報告を低評価していた極東担当のポクラドク部長は三七年八月に逮捕され、翌年銃殺された。（『ゾルゲ・ファイル』解説）

独裁者ヨシフ・スターリン

すべては虚偽の強制自白であり、全員がスターリン死後に名誉を回復するが、粛清の嵐は組織を弱体化させた。当時は秘密警察、N

KVD（内務人民委員部）の要員が組織内を嗅ぎまわったという。

逮捕者の供述からみて、粛清の標的がゾルゲにも向けられたのは間違いない。解禁された資料の中には、「ゾルゲはトロツキスト」と決めつける奇妙な文書があった。三七年八月作成のこの文書は、ゾルゲの簡単な略歴を書き、「信用できない人物」「送られてくる情報は古いものばかり」「金銭面の不正が指摘されている」などと告発し、「召還すべきだ」と太字の手書きで書かれている。作成者の氏名は明記されていない。

九月三日付の内部メモは、「ゾルゲには、十一月に帰国する準備に入るよう命令が改めて確認された」と書いている。「改めて」とは、それ以前にも帰国の指示が出されたことを意味する。

東京のゾルゲは欧米の報道やすぐれた情報収集力から、スターリン粛清と自らの危険を察知したはずで、帰国命令を断った。

この間の経緯は不透明だが、「コミンテルンの女王」といわれ、東京で活動したソ連スパイ、アイノ・クーシネンが回想録でゾルゲとのやりとりを公表している。（『革命の堕天使たち─回想のスターリン時代』）

フィンランド人で、コミンテルン書記だったオットー・クーシネンの妻、アイノは、軍情報機関から日本の有力者に接近する任務を与えられ、「エリサベート・ハンソン」の偽名で来日した。日本を絶賛する著書を出版し、ベストセラーになった。「東京社交会の華」と称され、秩父宮と親交を結んだことが知られる。情報機関のコードネームは「イングリッド」だった。

三七年十一月、ゾルゲから急用として呼び出されたアイノがゾルゲ宅を訪れると、ゾルゲは悪酔いし、ウイスキーの瓶が転がっていた。

ゾルゲは「全員直ちにモスクワへ帰還せよという命令があった。君はウラジオストクに行き、そこで指示を待つようにとのことだ。自分はこの命令が本当に大事なものかどうか分かるまでここを動かない。今東京を離れたら、せっかく築いた関係が台無しになってしまう」と話したという。

アイノが指示に沿って帰国すると、「人民の敵」という容疑で秘密警察に逮捕された。四六年に釈放されたが、米国大使館に亡命を求めたことで再逮捕され、五五年まで収容所生活を送った。夫は逮捕されず、党政治局員などの要職を務めながら、妻を救おうとしなかった。

釈放されフィンランドに帰国後に出版した回想録でアイノは、ゾルゲが命令を無視したのは正しかったとし、「彼があの時、従順に戻っていたら、間違いなく粛清されていただろう」と書いた。ゾルゲは情報力とカンが鋭かったということだ。

公開された三七年のゾルゲ機関の文書を見ると、会計報告や通信状況をめぐる技術的やりとりなど内部連絡が大半で、日本に関する情報発信はほとんどなかった。

三七年は、第一次近衛内閣発足（六月）、盧溝橋事件による日中戦争勃発（七月）、第二次上海事変（八月）、大本営設置（十一月）、日本軍の南京占領と南京事件（十二月）と日中関係を中心に目まぐるしい展開があったが、ゾルゲ機関はスパイ組織として機能しなかった。ゾルゲは大粛清に衝撃を受け、情報収集どころではなかったかもしれない。本部も相次ぐ粛清で大混乱した。

粛清は三八年もソ連国内で吹き荒れたが、軍情報本部への弾圧は一段落した。

オートバイ事故で大けが

東京赴任から五年を経て、一九三八年ごろからゾルゲの仕事の仕方に変化がみられるようになった。

それまでは自ら現場に赴き、要人やエージェント候補らと積極的に会って人脈を広げようとしたが、次第に現場に出ず、自ら築いた情報源に頼るようになった。メディア業界で言えば、出先の記者から統括デスクの役回りとなった。

ゾルゲ自身、獄中手記で、自らの情報源として、①ドイツ大使館、②ドイツ人実業家・技師、③東京のナチ党、④オランダ人社会、⑤ドイツ人記者、⑥外国人特派員、⑦同盟通信および日本人記者、⑧陸軍省――を挙げながら、「私はこの数年、諜報グループに属する以外の日本人とはなるべく会わないようにした。それまでは朝日、東京日日（現毎日新聞）、同盟の記者と交わっていたが、それは自分の任務の一部として招待したのであって、日本人との関係をすっかり絶ったような印象を与えないのが目的だった。私はその際、隠れた諜報的な狙いを念頭に置かなかった。そうしないと彼らから面白い情報を得られないからだ」と書いている。

戦前戦中、報道界で影響力を持った同盟通信については、「私が同盟と関係を保っていたのは日本に着いた当座だけのことで、しかも通り一遍の接触にすぎない。後になると、興味がなかったので、この関係さえやめ、もっぱらブケリッチらのもたらす情報に依存した」としている。

ブケリッチが属したアバス通信は同盟本社のある電通ビルにあり、彼が積極的に同盟の記者と接触した。同盟通信は終戦直後、戦争責任を反省して自ら解散し、共同通信と時事通信に分離した。

ゾルゲはまた、三七年から独紙「フランクフルター・ツァイトゥング」に定期的に寄稿するようになった。当時のドイツ最高級紙に毎週一本署名記事やコラムを書き、内外の評価が高まった。取材先に行かないのは、自分は駆け出し記者ではなく、著名コラムニストになったという自負があったからかもしれない。

ゾルゲが出不精になった背景には、三八年五月にオートバイ事故で大けがを負ったこともある。

本国の粛清ショックもあって酒量が増え、連日酔っ払ってオートバイで疾走したゾルゲは、五月十四日未明、帰宅途中に虎ノ門の米大使館わきの路上で石垣に激突し、血まみれで倒れているところを警官に発見された。救急車で聖路加病院に運ばれ、一カ月ほど入院した。

この時、ゾルゲは薄れる意識の中で、一緒に飲んでいたウラッハ記者を呼んでクラウゼンに連絡してくれと頼み、駆け付けた彼にポケットの暗号文書と米ドル札を渡した後、気を失ったという逸話がある。

この事故で顔を打って歯が折れ、容貌が変わり、脳震盪を起こした。脳障害はなかったが、精神的不安定さが増したといわれる。

事故の報告は、クラウゼンがモスクワに打電した。

「ゾルゲは交通事故に遭い、額と上唇に軽傷を負った。二十日で退院する予定だ。カネと資料は私が保管している。送信機が故障し、連絡が遅れた。部品の入手が困難だったが、現在は復旧している」（五月二十一日）

「ゾルゲは退院したが、毎日治療が必要で、まだあまり活動できない。彼の妻によろしく伝えてもらいたい。帰国が延期になることも説明してほしい」（六月二十五日）

負傷に対するモスクワの反応は、「帰国延期の件は夫人に伝えた」という短い電報だけだった。ゾルゲは事故後、オートバイをやめ、クルマのダットサンを買って移動するようになった。

尾崎が政権中枢にアクセス

一九三八年には、親友のオットが駐日大使に昇格した。ディルクセン大使は二月に持病の喘息が悪化して帰国し、ヒトラー政権は陸軍武官のオットを大使に昇格させたのだ。ゾルゲはドイツ大使館に居ながらにして情報収集が可能になり、取材に回る必要がなくなった。

ゾルゲはそれまでに、大使館内に自室を与えられ、日中戦争を分析する大使館の研究会に参加するなど、大使館で圧倒的な信頼を得ていた。オットから新たに、在留ドイツ人向けに大使館が発行するニュースレターの編集を頼まれ、朝早く大使館に出勤し、作業終了後、大使と朝食を共にして情報交換した。

ドイツ外相に就任したリッベントロップがゾルゲの四十三歳の誕生日を祝い、東京の大使館業務に対する「傑出した貢献」を称賛するゾルゲ宛て私信が、二〇一五年に東京・神保町の古書店で発見された。

オット大使は四月末、馬車を仕立てて皇居に赴き、天皇に信任状を手渡した。

ゾルゲは大使の予定も本部に報告しており、「オットはリッベントロップから、天皇に信任状を提出した後、今後の日独協力関係を決めるため、ベルリンに戻るよう指示された。

オットは大島（駐独武官）が計画している日独同盟計画に沿ったものと確信している。彼は五月初旬に出発し、七月に戻ってくる予定だ」とモスクワへ通報した。（四月十日）

ゾルゲが事故で入院中、オットはベルリンにいたが、オットの帰国後ゾルゲは早速会って、ヒトラーらとの会談内容を聞き出し、モスクワに打電した。

「オットが帰国し、最初に会った際、ヒトラーとリッベントロップから受けた指示を教えてくれた。その要点は、英国とソ連に敵対する日本との協力をあらゆる手段を使って強化せよとのことだった。日本が中国との戦争に一刻も早く勝利するため、必要な範囲で中国におけるドイツの利権を犠牲にしてもいいとのことだ。同時にオットは、日本が蔣介石政権と和解できるよう、あらゆる手段を使って誘導するよう指示された。

日中戦争の和平に向けてドイツが何らかの仲介ができるよう、情勢をよく見ろということだ。必要なら、日中の和平に関心のある他の大国と共に行動せよとも指示された。ドイツが仲介に力を入れるのは、日本が日中戦争の泥沼化で弱体化すれば、ドイツの利益にならないためだ。日本の弱体化は、大島が基礎を築いた日独同盟が締結されない理由となり得る」（七月二十九日）

日本を日中戦争の泥沼から救い出し、英ソに敵対させるというのがヒトラーの戦略だったようだ。蔣介石政権が日本と停戦するなら、日本は次にソ連を狙うとみられ、この情報はソ連側の警戒を高めたと思われる。

ドイツの最高機密にアクセスできるようになったことで、ゾルゲが大使館に居座る時間が増えた。

盟友の尾崎が三八年七月、朝日新聞を退社し、前年に発足した第一次近衛文麿内閣の参与に就任したことも、政権中枢へのアクセスを可能にした。

中国専門家として評価を高めていた尾崎は三六年、米カリフォルニア州のヨセミテ国立公園で開かれた国際会議に参加し、長い船旅のあいだに元老・西園寺公望の孫で外務省嘱託の西園寺公一や、学生時代の同窓で近衛内閣の首相秘書官になる牛場友彦と友情を深めた。帰国後、近衛のブレーン組織「昭和研究会」や「朝飯会」にジャーナリスト兼評論家として招かれた。

メンバーは、牛場や西園寺のほか、風見章、犬養健、佐々弘雄、益田豊彦、蠟山政道ら錚々(そうそう)たる顔ぶれで、尾崎はこの精鋭グループに溶け込み、内閣嘱託となった。これで尾崎は機密情報に接するばかりか、政府の政策決定に影響力を行使できるようになった。尾崎は三七年、『嵐に立つ支那』『国際関係から見た支那』という著書二冊を上梓し、総合雑誌に多数の論文を執筆するなど、中国専門家として売れっ子となった。

ゾルゲは内閣嘱託の尾崎から得たこんな情報を早速本部に送った。

「尾崎は近衛首相に近い筋から、陸軍が最近、対ソ戦争が勃発した場合の緊急作戦計画を作ったことを知った。それは、ソ連との戦争に備えて二十七個師団を準備する構想で、中国との戦争は（一部不明）……。それゆえ、二十七個師団の編成に必要な正規軍と予備役を対ソ戦向けに残しておく必要がある。満州には、これだけの師団を編成する余裕がある」（七月十五日）

こうして、ゾルゲ機関は洗練されて機能が高まり、ゾルゲは座っているだけで高度な情報の入手が可能になった。三九年一月、第一次近衛内閣の退陣で尾崎は内閣参与を辞め、満鉄調査部の嘱託職員になるが、昭和研究会や朝飯会への参加は逮捕されるまで続けた。

張鼓峰事件で活躍

一九三二年に満州国が誕生し、関東軍が満州全域に展開すると、国境をめぐって日ソ間の軍事的緊張が高まった。三八年七月末、満州国東南端にある張鼓峰の高台にソ連軍が進出。日本軍が攻撃し、軍事衝突となる張鼓峰事件（ソ連側呼称はハサン湖事件）が発生した。日本側の戦死・行方不明が五百人、ソ連側は八百人に上り、二週間後に停戦合意が結ばれたが、一年後のノモンハン事件につながる武力衝突となった。

ゾルゲは最初の衝突の後、モスクワに電報を送った。

「現地での危険が高まっていると私が警告していたにもかかわらず、国境の高地で日本側の奇襲攻撃を防げなかったことを残念に思う。オット（大使）とショル（陸軍武官）は、日本側は高台を制圧した後、あらゆる問題を外交的手段で解決したがっていると教えてくれた。ショルはまた、ソ連軍の反撃に備えて、日本側が朝鮮駐留軍と予備役を紛争地域周辺に集結させていると語った」（八月一日）

「日本軍参謀本部の将校から、国境の状況はそれほど深刻ではないと聞いた。しかし、ソ連の航空機が朝鮮や満州の奥深くを攻撃すれば、問題は深刻化する。日本が積極的に行動

したのは、ソ連に軍事力を誇示するためだ。日本は対ソ戦に関心を持つが、それはまだ先の話だ」（八月三日）

「ショルは日本政府内で、ソ連に対する強力な軍事行動を支持する意見が増えている印象を持っている。オットは、八月一日の閣議が満州の防衛拠点を強化する命令を出したことを知った。満州のドイツ情報筋は、日本軍の強力な援軍が満州に投入されているとオットに伝えてきた」（八月十日）

停戦は日本側が申し入れ、ソ連も応じて停戦合意が八月十一日にモスクワで結ばれた。この間、ゾルゲの情報は日本側が戦況を拡大したくないこと、増援部隊が到着したことを伝えており、日本は手の内を読まれていた。

張鼓峰事件は、日本軍が日露戦争後初めて欧米列強と戦った本格的な戦闘になった。日本はソ連軍を過小評価し、強力な機械化部隊に想定外の苦戦を強いられた。

この衝突の誘因になったのが、極東担当のソ連秘密警察の幹部、ゲンリフ・リュシコフの亡命事件だった。スターリン粛清のさ中、NKVD極東方面司令官だったリュシコフは張鼓峰事件一カ月前の三八年六月、満州へ越境し、日本軍に保護を求めた。リュシコフは東京に送られて記者会見し、スターリンの残忍な粛清や赤軍内部の不満を暴露した。リュシコフと日本に激怒したソ連指導部は、国境地帯での対日挑発を指示し、張鼓峰での衝突につながった可能性がある。

ゾルゲはリュシコフ亡命事件でも暗躍し、リュシコフの尋問記録を素早く入手してモスクワに送った。日本側はこれほどの大物を尋問した経験がなく、ドイツ情報機関に助けを求め、ソ連に詳しい情報将校が来日。ショル武官とともに尋問を行った。尋問記録がそのままゾルゲに筒抜けとなった。

八月三十一日にゾルゲが本部に送った電報によれば、リュシコフは尋問で、極東とウクライナにおけるソ連軍の配置や軍事通信用暗号、極東軍管区の反体制的な軍人リスト、欧州にいるソ連エージェントの氏名などを証言した。さらに、「ソ連極東の軍需産業はまだ成長しておらず、西部からの輸送を必要としている」とし、日本の対ソ戦は早い時期に始めた方がいいとアドバイスしたという。

日本軍参謀本部は二百五十ページの尋問記録を作成してコピーをショルに渡し、ゾルゲはそれを読んで九十ページ分を撮影し、マイクロフィルムでモスクワに送った。その際、「日本軍とドイツ軍は、リュシコフの情報で知った赤軍の弱点を突きかねない」と警告した。ソ連側はリュシコフが明かしたソ連軍の装備や作戦上の欠点を修正し、戦力強化を図ったという。

ゾルゲ事件を担当した吉河光貞検事は、この文書を受けて戦力を増強したソ連は三九年のノモンハン戦で優位に立ったとし、「ゾルゲが日本での八年間で果たした最大の功績の一つ」と指摘した。（『ゾルゲ―引裂かれたスパイ』）

フェシュンによれば、モスクワはこの資料にただならぬ関心を示し、特にリュシコフがブリュヘル極東軍司令官（元帥）に言及したくだりに注目した。ブリュヘルはハバロフスクを拠点に極東で自治権力を行使しており、尋問記録の中で「スターリン体制への反逆志向」が明記されていたという。ブリュヘルは日本との国境紛争拡大に反対し、ソ連軍の兵力集中が進まなかったことも問題視された。ブリュヘルは三八年九月、モスクワに呼び戻されて逮捕され、拷問中に死亡した。

亡命事件には余談があり、日本側に寝返ったリュシコフは、日本の情報機関にスターリン暗殺計画を持ち掛けた。日本は三九年、ロシア人移民六人を訓練し、トルコからソ連に送り込もうとしたが、暗殺団の中にソ連のスパイが潜入していたため失敗したとされる。

（檜山良昭、『スターリン暗殺計画』、徳間書店、一九七八年）

協力者をリクルート

張鼓峰事件で日本の軍事的脅威を実感したモスクワはゾルゲに対し、日本軍将校をエージェントに雇い、情報収集を強化するよう指示した。

情報本部は、「日本軍の動向をカバーするため、日本人将校を一人か二人雇ってはどうか。ドイツのために働くことを装うのがいい」（一九三九年一月二十四日）、「日本軍将校二、三人を雇うという先に提起した課題はどうなったのか。なぜゾルゲはこれまで、可能性や見通しについて回答しないのか。この課題はぜひとも実現してほしい」（四月五日）と重ねて電報で要求した。

将校クラスの勧誘はできなかったが、宮城の友人で予備役伍長の小代好信を協力者に引き込むことができた。小代のコードネームは「ミキ」と決まり、ゾルゲはこれを報告した。

「宮城の友人は関東軍で四年の兵役を終えて日本に戻り、予備役に編入されている。彼の将来はまだ分からないが、宮城は今後一カ月間、彼から従軍中に観察したあらゆることの詳細な報告を受け、彼を通じて最新の日本軍教本を入手するつもりだ。

彼は以前からわれわれに共感し、喜んで仕事を引き受けてくれた。宮城と彼の両親は古い友人だ。彼を通じて、参謀本部の要員と関係を持つよう努める」（四月十五日）

ゾルゲは小代に興味を惹かれ、一、二度小料理屋で会い、非常にいい印象を得たと手記に書いている。小代は陸軍現役名簿へ再登録し、陸軍の組織や装備の重要な情報源となり、詳細な情報を提供するようになった。

モスクワの本部長は、「小代の資料の多くは非常に興味深く、日本軍の公式規範に基づく文書もある。あなたは小代にどのような指導をしたのか、この間どのようなやりとりがあったのかは書かれていない。あなたは小代を再度日本軍に編入させ、人脈を広げるすばらしい計画を立てた。これは是非成功させてもらいたい。小代は貴重な存在であり、彼の仕事を止めてはならない」（三九年十月二十九日）と高く評価した。

本部長は同時に、宮城と尾崎について、「最近良い情報を提供するようになったが、それでも彼らから届く情報は少ない。困難が増しているものの、二人は政治や軍についてより貴重な情報を得られるはずだ。あなたももっと働き掛ける必要がある」と発破をかけた。

ノモンハン事件の裏側

一九三九年五月から九月にかけて、日ソ両軍が満州国と外モンゴルの国境地帯で衝突したノモンハン事件は、近代的なソ連軍機甲部隊の前に日本側が大敗したとされている。しかし、ソ連崩壊後に解禁された資料では、ソ連側の損害は戦死約九千七百人、負傷約一万六千人で、日本側の戦死約八千人、負傷約八千六百人よりも多かった。

兵器の損失は、日本側が戦車二十九両、航空機百七十機、ソ連側は戦車・装甲車四百両、航空機二百五十一機と、ソ連側の損害の方が多かった。五、六月の第一次戦闘では、日本の航空戦力がロシア軍を圧倒し、戦車抜きに夜襲や砲撃、火炎瓶攻撃で戦果を挙げた。七月からの第二次戦闘では、ソ連軍が増強して挽回し、関東軍第二三師団に壊滅的打撃を与えた。九月十五日の停戦合意は、ソ連・モンゴル側主張の国境線が確認され、ソ連の防衛線が拡大した。

ノモンハン戦は、関東軍が仮想敵であるソ連の軍事力を試そうとし、参謀本部に無断で独断越境攻撃を仕掛けたとされるなど謎が多い。日本側はソ連に大敗を喫したと思い込み、北進を避けて南進へと戦略転換する契機になったといわれる。

ソ連も日本を一段と敵視し、米英に接近していった。また、若手で有望なジューコフ将軍（後の国防相）がノモンハンの戦局を転換させた功績でスターリンに寵愛され、対独戦では多くの激戦地で指揮を執ることになる。

ノモンハン戦が始まった直後、ゾルゲは国境衝突では日本軍を徹底して叩く必要があると本部に進言した。

「地域紛争でソ連が敗北したり、譲歩すれば、日本は新たな対決への衝動を強める。日本軍をしっかり叩かないと、ますます横暴になっていく。ハサン（張鼓峰）やモンゴル国境のような衝突を防ぐには、日本軍に対して強固で過酷な手段を用いることが推奨される」（六月四日）

尾崎は朝飯会で、「日本政府は現地解決、不拡大方針であり、全面的な対ソ戦敢行の意思はない」「一般国民も対ソ戦争は欲していない」との情報を得て、ゾルゲに伝えた。（警察の尋問調書）

日本側が不拡大方針と分かれば、ソ連は逆に戦闘をエスカレートさせることが可能になる。ただ、ロシア側公開資料では、尾崎の情報はモスクワに報告されていない。ノモンハン事件でゾルゲが送った情報は以下の内容だ。

「モンゴル国境から戻ったブケリッチは、十個の重火器が前線に移動するのを現地で見た。至る所に兵器が積み上げられていた。彼は、関東軍が意図するような軍事行動を満州国境で拡大してはならないという特別命令が天皇から届いたと聞いた」（八月十三日）

「宮城と小代の報告によれば、七月以降、大量の若い新兵が徴集されている。参謀本部は三十五歳以上の兵士を前線から呼び戻し、若い兵士に一新する方針という」（八月二十五日）

「モンゴル国境の外国人記者によれば、日本軍は八月三十一日に大規模な援軍を国境に移動させた。一時間の観察で、兵士を乗せたトラックが百二十台目撃された。別の旅行者によれば、朝鮮駐留部隊がモンゴル国境に急行している。日本軍がモンゴル国境で激しく打ちのめされたことはお世辞抜きで喜ばしい。ショル（武官）は日本軍参謀本部に対し、ソ連との不可侵条約締結を勧めようとしている。中野（正剛）、橋本（欣五郎）ら急進派も不可侵条約を強く主張している」（九月十日）

この間の報告は、日本軍の配備状況など細かい情報が多く、モスクワは納得しなかった。本部はゾルゲに対し、「あなたの情報は劣化し、最近は情報量も著しく減った。夏の間も情報が届かなかった。必要な情報の提供を避けているのではないか。作業を強化し、機会を利用してオットのオフィスから資料を入手してもらいたい」と伝えた。（九月一日）

この頃から、ゾルゲが本部の叱責を受けることが増え、両者の関係がぎくしゃくしていく。日本の脅威拡大で、本部は日本軍の装備や戦車、航空機、機関銃、大砲などの生産能力、軍需工場の分布、新型兵器開発といった軍事技術情報の提供を盛んに催促し始めた。

情報本部では、スターリン粛清でベルジン以下四人の本部長をはじめ数十人の幹部が犠牲になり、ゾルゲを知る古参幹部はほとんどいなくなった。逮捕された幹部が強制自白でゾルゲに否定的な供述をしたことも、ゾルゲの立場を悪化させたはずだ。

ゾルゲが帰国を申し入れた三九年六月の電報に対し、本部は「あなたは最高かつ最高齢の経験ある活動家」であり、貴重な作業をあと一年続けてもらいたいと回答した。相次ぐ粛清を経て、他の高齢スパイは一掃されたかにみえる。

しかし、ゾルゲがノモンハン事件の停戦後に本部に送った情報は、ベテランらしい高度の分析だった。

「尾崎は、特使として中国に行くことを拒んでいる近衛（文麿）から次のような情報を聞いた。モンゴル国境地帯の停戦は、日本の政策が冒険主義から根本的に変化したことを意味する。シベリアに対する軍事行動は限定され、中国国内での拡張にとどまる。中国進出を続けながら、対ソ冒険主義を両立させるという関東軍の長年の期待は失われた。その背景には、独ソ不可侵条約締結、ハルヒンゴル（ノモンハン）の教訓、ドイツ軍のポーランド侵攻がある。

加えて、日本が軍事武装、特に技術的に兵器を強化するには数年を要する。北方への冒険主義政策を中止することでは、ほぼ全派閥の合意が得られている」（九月二十七日）

ゾルゲは十月、本部に長い情勢報告書を送り、「日本からの深刻な軍事的危険性はもはやない。日本は内部分裂が進み、経済危機が深刻化している」と日本側の苦悩を伝えた。

報告書は、日本はノモンハン戦の敗北を受け、陸軍と航空戦力の整備や本格的補強を計画しているが、米国の経済制裁で重要な輸入品を絶たれつつあり、軍再編プロセスが妨げられたと指摘。「経済的困難や日中戦争長期化、ノモンハンの敗北、そしてドイツとソ連の協力関係が、日本の指導者や国民の間で陸軍の立場を大きく揺るがせ、陸軍は信用を失った。指導権は宮廷閥や一部の大資本家の手に渡った。政党や海軍も国政で役割を果たそうと活動を活発化している」と分析した。

報告書はさらに、ソ連との和解を模索するグループも台頭しているとし、代表者として外務省改革派の白鳥敏夫を挙げた。ゾルゲが察知した日本の対ソ融和姿勢が、四一年四月の日ソ中立条約につながることになる。

独ソ不可侵条約に反発

ゾルゲが報告書で言及した「ドイツとソ連の協力関係」とは、一九三九年八月二十三日に締結された独ソ不可侵条約を意味する。スターリンとヒトラーの唐突な握手は、共産主義とファシズムの連携として世界を驚かせ、とりわけ日本の衝撃が大きかった。日本にとって、ノモンハン戦のさ中に起きた独ソ不可侵条約締結は、ドイツの裏切り行為と映った。

ゾルゲは条約調印の翌日、日本側の反応をモスクワに通報した。

「ドイツとの不可侵条約締結は日本で大きな衝撃を呼び、ドイツへの反発を招いている。

条約の詳細が分かれば、内閣が総辞職する可能性もある。閣僚の多くは、ドイツとの反コミンテルン条約の打ち切りを考えている。橋本（欣五郎）大佐や宇垣（一成）将軍のグループは、ソ連との不可侵条約締結を支持している。内政の危機が高まっている」（八月二十四日）

その数日後、平沼騏一郎首相は「欧州情勢は複雑怪奇」と述べ、日独同盟交渉の中止を決定し、責任を取って総辞職した。

独ソ不可侵条約はモロトフ、リッベントロップ両外相間で三九年春から秘密接触が行われていたが、外部には一切公表されなかった。しかし、ゾルゲはこの交渉をドイツ大使館で事前に察知し、ブケリッチを通じてアバス通信に報道させていた。

この経緯は、当時のアバス通信東京支局長で、戦後著名なジャーナリストになるロベール・ギランが著書『ゾルゲの時代』で明らかにしている。

それによると、独ソ条約調印十日前の八月十三日夜、ギランが湘南での休日から戻って支局に行くと、ブケリッチは「東京の信頼すべき筋によれば、ベルリンとモスクワで、ヒトラー、スターリン間の不可侵条約締結に向けた独ソ交渉が行われている」という情報を内部参考用としてパリの本社に送っていた。問いただすと、情報源はゾルゲだった。パリの編集長は、その衝撃性から直ちに報道し、アバス通信の独占記事となった。ドイツのゲッベルス宣伝相は報道に激怒し、記者会見を開いて全面否定したが、一週間後に条約調印の合意を認め、アバスのスクープとなった。

ゾルゲの検察尋問によれば、ドイツは日本に同盟を提起した頃からソ連と極秘裏に交渉を開始しており、オットは「条約は単なる中立条約にとどまらず、独ソ間の軍事同盟にまで発展するかもしれない」と述べていたという。

ゾルゲはオット経由で独ソ条約の締結を事前に察知したが、本部には報告しなかった。ゾルゲがこの情報をブケリッチに書かせたのは、ヒトラーとスターリンの握手を嫌悪し、第三国メディアに報道させることで条約を妨害しようとしたのかもしれない。

「私は戦争を憎む」

独ソ不可侵条約には独ソの勢力範囲を規定した秘密議定書があり、ソ連はバルト三国とポーランド東部、ドイツはポーランド西部が勢力圏となっていた。ドイツ軍は一九三九年九月一日、秘密議定書に沿ってポーランドに侵攻。ポーランドと同盟条約を結ぶ英仏は三日にドイツに宣戦布告し、欧州で第二次世界大戦が始まった。

『ゾルゲの時代』によると、ギランはゾルゲと取材先でよく一緒になったものの、仏独関係が険悪だったため、言葉を交わすことはなかった。しかし、英仏がドイツと開戦した翌日、一度だけ二人で食事をすることがあったという。

「九月四日の午前中、銀座の電通ビル八階のオフィスで欧州から入ってくる最新情報をむさぼるように読み、正午頃食事に行こうと支局を出ると、八階の廊下で正面のオフィスからゾルゲが出てきた。彼はドイツの通信社DNBの支局を出るところだった。私と同じように、ニュースを読みに来ていたのだろう。われわれは偶然、鉢合わせをした。

私は落ち着いた性格で、めったに怒ったりしないが、この日はものすごい例外で、生涯ただ一度の怒りが爆発し、ゾルゲに対し、『とうとうやったな、ドイツ野郎め、また始めやがって』『お前たちは火付け屋なんだ、血を見るのが好きな残酷無比な奴らなんだ』『また隣り近所の国へ行って略奪と殺人をやらなきゃ気がすまないんだろう』『盗人野郎、殺人鬼』などと腕をつかんで叫んだ。ゾルゲは啞然として言葉もなかった」(『ゾルゲの時代』)

ギランはエレベーターの中に日本人が四、五人いてもゾルゲをののしり続けた。ゾルゲはずっと黙っていたが、ビルの玄関で初めて口を開き、「一緒に食事をしないか。ゆっくり話がしたい」と誘った。ゾルゲは西銀座にあったドイツ料理店「ローマイヤ」にギランを招き、地下の席で二人は向き合った。

ゾルゲも動転しており、「私は戦争を憎む。あらゆる戦争を憎む」と述べ、第一次世界大戦で三度負傷して以来、生涯戦争を憎んでいると告白した。一八年のドイツ敗戦以来、生涯をかけて平和のために力を尽くし、相互理解と生活向上のために働くことを自らの使命と定めたという。「彼の口ぶりにはナチの影はみじんもなく、絶望的なまでに平和を愛する一人の人間が感じられた。わたしは彼の独白をただ聞いていた」という。

奇妙な会話にある種の安堵感、慰めを感じたギランは「もう二度とないと思うが、話してくれて感謝する」と握手して別れ、ゾルゲは数寄屋橋方面へ去っていった。

ギランは「ゾルゲは苦悩にさいなまれている人間のような印象だった。ヒトラーの政治に同調できなくなったと言ったことは、彼の本当の上司であるスターリンの政治にも同調できないことを意味していたのではないかと、私は後になって思った」と書いた。

独仏が戦争状態に入ったことで、アバス通信東京支局の重要な情報源だったブケリッチ経由のゾルゲ情報が入手できなくなることを憂慮したギランは、ブケリッチに、引き続きゾルゲと目立たぬように接触するよう指示した。

戦後「ル・モンド」紙に移り、何度も来日したギランは、ゾルゲの諜報網があらゆる場に潜入した大規模な組織だったとするGHQのウィロビー報告には否定的だ。

ギランは著書で「この一連の事件には、ゾルゲというただ一人のスパイがいただけだと私は思っている。諜報網というようなものなどなく、体制も組織もまとまった形としてはなかったのではないだろうか。ゾルゲ・グループは同じ信条を持つ仲間の集まりであった。ゾルゲという人間の真価は、単独行動で国家機密の中枢に食い込む快挙を成し遂げたことにあった」と結論付けている。

東南アジアの空白に食指

欧州の第二次世界大戦は一九四〇年春に激化し、ドイツ軍は快進撃してオランダ、ベルギー、フランスを征服した。六月にヒトラーがパリを視察し、エッフェル塔の前でポーズを取る写真が世界に配信された。フランスとオランダの陥落で、宗主国を失ったインドシナ半島やオランダ領東インド（現インドネシア）は空白地帯となった。英国もドイツとの戦闘で、植民地の香港やシンガポール、マレー半島に配慮する余裕がなかった。

ソ連も三九年十一月、独ソ不可侵条約に沿ってフィンランドに侵攻したが、フィンランド軍は果敢な抵抗でソ連軍に大損害を与えた。ゾルゲはモスクワへの報告で、日本軍はノモンハンで大敗したのに、フィンランドがうまく抵抗したことで、すべての新聞がフィンランドの勝利を称えているとし、「小さなフィンランドと高慢な日本軍参謀本部の比較がなされるようになった。国民は日中戦争に飽き飽きしている」と皮肉った。（四〇年二月一日）

一方で、日本の政財界は東南アジアの石油・鉱物資源に食指を動かし、ドイツ、イタリアとの三国同盟論が急速に高まった。新聞は「バスに乗り遅れるな」と称し、積極的な軍事行動を煽った。

陸軍はオランダ領東インドやマレー半島の掌握に向けて南進論を強め、三国同盟に反対する海軍出身の米内（よない）光政首相を批判。陸軍相を辞任させ、米内内閣は退陣し、四〇年七月、第二次近衛内閣が発足した。新内閣は東条英機陸軍相、松岡洋右外相を擁する三国同盟シフトとなった。尾崎は朝飯会などで近衛内閣への接近を強め、新内閣の動向をゾルゲに伝えた。

ゾルゲは第二次近衛内閣の外交方針をモスクワに通報した。

「尾崎の情報によると、近衛の外交政策は次のようなものだという。反英政策への転換は、ドイツが七月十八日に開始した対英作戦の成果にかかっている。近衛は独伊とは同盟なしの緊密な関係を進める。近衛は米国との公然たる対立を避けようとしており、だから松岡を外相に起用した。ソ連との関係を一定の条件下で改善し、必要なら不可侵条約締結も視野に入れる。近衛はまだ、軍事独裁政権を狙う軍部の手中にはない」（八月三日）

「松岡新外相はオット大使との会談で、『日本は南太平洋を含む東アジアに影響圏を広げようとしており、戦争を避けてこれを達成したい。この点でドイツと協力したいが、ドイツがどこまで日本の太平洋支配に関心があるのか分からない』と語った。オットは『ドイツは欧州で忙しいので、日本が東アジア全体で優先的な影響力を持てば、関心を持つ』と答えた」（八月三日）

「オット大使によると、天皇臨席の会議で日独条約締結の方針が承認された。日本側は条約に調印する用意があり、早期に調印するようオットに働きかけている。リッベントロップはイタリアの同意を得るため、ローマに向かった。オットは私に、条約はイタリアを加

えて三国枢軸となり、やがて公表されると語った」（九月二十一日）

ゾルゲの予告通り、四〇年九月二十七日にベルリンで日独伊三国同盟条約が調印された。これは、厳密には集団防衛条約ではないものの、「欧州とアジアの新秩序建設」を支持し、一国が攻撃された場合、政治・軍事・経済面で相互援助すると規定した。三国同盟の結果、欧州の戦争がアジアに飛び火した。グルー駐日米大使は「日米の友好はこれで絶望的になった」と猛反発した。

米国を仮想敵とした三国同盟が日米開戦の布石となったが、昭和天皇は三国同盟に反対で、「この問題に付ては私は陸軍大臣とも衝突した。私は板垣（征四郎）に、同盟論は撤回せよと云つた処、彼はそれでは辞表を出すと云ふ、彼がゐなくなると益々陸軍の統制がとれなくなるので遂にその儘となつた」と戦後回想していた。（『昭和天皇独白録』）

ゾルゲは三国同盟に関する電報で、「ドイツはこの条約にソ連を招こうとするだろう」と「四国同盟構想」があることを伝えた。しかし、ヒトラーは独ソ戦に方針転換し、実現しなかった。

危険すぎたソ連外交官との接触

一九三九年頃から、ゾルゲ機関とモスクワの連絡方法が変わり、東京のソ連大使館員がゾルゲやクラウゼンに直接会って、現金や写真、マイクロフィルムを受け渡すことになった。外国人、とりわけソ連大使館員は官憲の厳しい監視下にあるため、ゾルゲらが摘発される端緒になった可能性がある。

ゾルゲの報告の多くは無線で送信するには長すぎた。このため、長文の報告や資料の原典、地図などはマイクロフィルムに収め、諜報団のメンバーが上海や香港に客船で持ち運んだ。そこでソ連連絡員と密会し、数千ドルの現金を受け取っていた。ゾルゲも三度密使を務めたが、最も密使の回数が多かったのはクラウゼンの妻アンナで、十八回に及んだという。

アンナは逮捕後の尋問で、上海での受け渡し方法を詳述している。それによると、ある時は上海到着後、事前の打ち合わせ通り黒いブローチの付いた縞のショールを掛けて百貨店に行ったが、連絡役は現れなかった。翌日第二の連絡地点の小さな書店に行くと、婦人が近づき、「素敵なブローチですね。私も同じのを持っています」と合言葉を言った。アンナが答えると、二階から男が降りてきて上へ上がれと言い、そこで現金を受け取った。

アンナは翌日同時刻にこの書店を訪れ、ゾルゲから託されたフィルム三十本などを手渡した。（『現代史資料3　ゾルゲ事件3』）

彼女はこの仕事が嫌で抵抗したが、資金の一部を買い物に充ててもいいという特典で懐柔され、クーリエ役を務めたという。

しかし、三九年に第二次世界大戦が始まると、ドイツ人の上海への入域審査が厳しくなり、密使の旅は打ち切られた。ゾルゲ側の要請で、三九年十一月から東京でソ連大使館員との接触が行われることになった。ソ連大使館員が劇場で隣に座ったクラウゼン夫妻と現金や荷物を交換する方式がとられた。本部はゾルゲらに対し、ソ連大使館との接触を禁じていたが、禁を犯すことになった。

接触が失敗するケースもあった。たとえば四〇年五月、本部とソ連大使館担当者、ゾルゲの三者間でこんな電報のやりとりがあった。

本部「五月五日に帝国劇場でクラウゼンと我々の担当者が会う予定だったが、クラウゼンは現れなかった。来なかった理由の説明を求める。次回は五月二十六日に帝国劇場で。二枚のチケットを送る。合言葉は、我々の男がプログラムを尋ね、クラウゼンは『日本語で』と答える。暗闇の中で、ドイツ大使館の貴重な資料、日本の政治状況に関するゾルゲの報告、政党に関する資料、小代から受け取った軍の教本、支配層の外交政策をめぐる対立に関する尾崎の分析などを渡してほしい」（五月七日）

ゾルゲ「クラウゼンがチケットを受け取ったのは指定日の三日後だった。郵便局の私書箱番号が間違っていたようだ。接触の前にチケットを必ず渡してほしい」（五月九日）

大使館担当者「これまでの接触方法や場所は不適切で、変更すべきだという結論に達した。劇場では長時間座る必要があり、一斉に出ると疑念を呼ぶ。クラウゼンの提案で彼のオフィスで会った。次は小さなレストランで会い、一方が五分から十分遅れて到着し、着物の話をした後、持参品を交換する。クラウゼンは接触の頻度を二カ月に一度とするよう言った」（五月二十九日）

複写機製造を行う「クラウゼン商会」の事務所は新橋にあり、ソ連大使館員が訪れるようになったが、日本側官憲の監視が厳重で、発覚のリスクがある。

ロシアのゾルゲ研究家、ニコライ・エフィーモフは「ゾルゲ機関が摘発された経緯は今もはっきりしないが、どの国の防諜機関も工作員摘発の手法を公表しないものだ。私の意見では、ゾルゲ・グループがソ連大使館員と直接接触し始めたことが致命傷になったと思う。大使館員は常に監視されていた」と分析した。（ロシアの歴史サイト「失われた歴史」、二〇一八年十月二十八日）

クラウゼンはトランクに入る無線装置を持って、夜間、自宅や郊外の別荘、ブケリッチの自宅、ブケリッチの別れた妻エディットの家などを転々とし、発信地点を変えながら送信した。日本の監視機関は無線を探知したが、数字の暗号を解読できなかったことが後に判明している。発信源も突き止められなかった。

ゾルゲのバイク事故後は、クラウゼンが英語の原文を暗号化して発信し、彼の作業が倍加した。隠れ蓑で始めたビジネスが軌道に乗って顧客と収入が増え、諜報団の資金も一部提供するようになった。四〇年には過労から心臓発作を起こし、静養した。高圧的なゾルゲへの反感や国際共産主義運動への失望も生まれた。

クラウゼンは次第に、ゾルゲの電報を割愛して送信するサボタージュに走り始める。

スパイ団の家計簿

ロシア側の情報公開で、ゾルゲが本部に送った会計報告も明らかになった。ゾルゲはほぼ毎月、会計報告を提出しており、経理担当のクラウゼンが作成していた。

会計報告によれば、一九四〇年十一月の出費は四千百八十円だった。当時の大卒初任給は月約八十円とされ、現在の貨幣価値では約一千万円程度となる。

毎月の支出は、ブケリッチの元妻エディットと息子に対し、無線発信に利用した自宅の使用料として二百円が計上されている。ゾルゲは都内三カ所に隠れ家を持ち、家賃計四百二十五円を支払っていたことも分かった。

メンバーへの手当は、尾崎が二百円、宮城が四百二十円、小代が百五十円、川合が九十円だった。各自への手当は月によって多少異なり、ゾルゲ自身は四百円を受領している。クラウゼンとブケリッチへの手当ては記載されていない。

尾崎は検事の尋問で、「ゾルゲは私に対し、必要経費は遠慮せずに言ってくれと申していたが、私としては出来る限り自分の金で賄った。ただし、相当の費用がいるので、時々百円ないし百五十円くらいを何の費用ともいわずに貰っていた。これらの金は交通費や交際費の補助の心算だった。会計報告はしていない」と語っている。(『現代史資料2　ゾルゲ事件2』)

このほか、旅費(四百七十五円)、翻訳料(八十五円)、物資(百円)などが計上されている。十月から十一月への繰越金は六千六百八十七円だった。

翌十二月の支出は五千四百八十円と前月より千三百円増えた。ゾルゲは会計報告の冒頭、「毎年十二月の支出は他のどの月よりも多い。それは、新年の準備と贈り物に多額の出費をするこの国の特別な習慣によるものだ。さらに、ブケリッチの写真機が壊れたため、新たに購入する必要があった。買い置きのため、大量のフィルムを外国から取り寄せた」と釈明している。

GHQのウィロビーG2部長は「ゾルゲ・スパイ団の費用は月々三千円程度であった。およそ二十名の団員の貴重な仕事に対して、米貨にして千五百ドル（四〇年の為替レートは一ドル＝約四・二円）以下とは安いものであった」と指摘した。（『赤色スパイ団の全貌』）

正確には、カネを払っていたエージェントはこの時点で尾崎、宮城ら四人だが、確かに情報の対価からすれば、驚くほど安上がりだった。

入金は上海や東京での受け渡しのほか、外国の銀行からの送金もあった。クラウゼンは釈放後の四五年十二月、GHQ防諜部隊の尋問で、「必要額を伝えると、やがて世界各地のソ連エージェントが東京の私の会社名義の口座に送金した。米国からが最も多く、ロサンゼルスやサンフランシスコ、ニューヨークの銀行が利用された」と告白した。

ゾルゲは手記で、「あまり沢山の金を使うと、そこから発覚することがある。われわれのグループは思想的にしっかり結びついていたから、金はあまり必要としなかった」と書いている。

やがて、ソ連本国の外貨節約運動もあり、本部は次第に金を出し渋るようになった。ゾルゲ機関がフル稼働する四一年、送金をめぐって両者の関係が険悪化する。

第四章　運命の年（一九四一年）

戦前のドイツ大使公邸

助走期間からフル稼働へ

昭和史が暗転した一九四一年は、ゾルゲのスパイ活動にとっても宿命的な年となった。活動は一気に本格化し、情報が高度になり、内容や確度も増した。それまでの七年は助走期間で、一気に開花したかにみえる。しかし、諜報団は十月、日本側官憲によって一網打尽にされた。

十二月八日の日米開戦を控えたこの年は、日ソ中立条約調印、日米交渉開始（四月）、独ソ開戦（六月）、御前会議での南進決定、南部仏印進出、第三次近衛内閣発足、関東軍特種演習（七月）、米国の対日石油禁輸（八月）、対米開戦の国策遂行要領採択（九月）、近衛内閣総辞職、東条英機内閣発足（十月）、「ハル・ノート」の提示（十一月）と目まぐるしい展開が続いた。

この間、ゾルゲ機関は時代に追われるようにフル稼働した。ロシアで機密指定が解除されたゾルゲの電報は、一月が十四通、二月が十八通、三月が十三通、四月が九通、五月が十二通、六月が十一通、七月が六通、八月が十六通、九月が十一通、十月が四通だった。

四一年の文書は、フェシュンが編集した公開資料集（一九三〇－一九四五年）の三分の一以上を占めている。

これ以外にも、日本軍や関東軍の配備状況、軍の編成、新兵器開発、経済データ、政治分析などの資料を集め、ソ連側連絡員に手渡していた。

ゾルゲの電報には、独ソ戦や日ソ中立条約、日米交渉、日本のインドシナ進出など政策決定にかかわる情報が網羅され、日米開戦に至る現代史の貴重な資料となっている。

四一年には、二大スクープといわれる「独ソ開戦警告」と「日本軍の南進」も発信され、スパイとしての世界的名声を高めた。

ただし、ドイツ軍のソ連侵攻警報はゾルゲだけでなく、ソ連が各地に配置した情報網からも大量に入っていた。また、ゾルゲらは七月の関東軍大規模演習に翻弄され、対ソ開戦の可能性も同時に通報し、北進がないと決め打ちしたのは九月に入ってからだった。

四一年には、日本社会の緊張や排外主義が著しく高まった。新聞は連日、国家非常事態に備えるよう訴え、物資が統制され、質素倹約が美徳とされた。日中戦争が長期化し、国民が疲弊する中、愛国心が求められた。

治安維持法の強化や国防保安法の制定もあり、スパイや外国人への警戒を促す「防諜週間」が導入され、ゾルゲ機関摘発に至った。

四一年はゾルゲのスパイ活動のクライマックスの年だった。

日ソ中立条約交渉もソ連に筒抜け

一九三九年のノモンハン戦でソ連軍の脅威に直面し、独ソ不可侵条約をドイツの裏切りとみた日本では、対ソ宥和の機運が生まれた。四〇年七月発足の第二次近衛内閣で念願の外相に就任した外交官出身の松岡洋右は、日独伊三国同盟に続き、日ソ中立条約を結ぶことで、ソ連を枢軸国側に引き入れる構想を進めた。

ソ連もドイツの脅威に備えて東方の安全を固めるため、日本との条約に積極的になり、四一年四月、松岡が訪ソして日ソ中立条約が締結された。

ゾルゲは事前に日本側の交渉方針を察知し、モスクワへ貴重な情報を送っている。

「ドイツのオット大使は私に、松岡がベルリンとモスクワを訪問することで、内閣と天皇の裁可を得たと話した。しかし、大使は訪問が実現するか確信を持てないでいる。なぜなら、松岡がベルリンとモスクワでやりすぎるのではないかと多くの勢力が危惧し、訪問に反対しているからだ」（三月八日）

「ソ連に関して、松岡は自主的に行動する権限を持っている。近衛は松岡がソ連と不可侵条約を締結できるとは考えていないが、それでも松岡がその方向で何らかの成果を挙げることを期待している。近衛はまた、日本が発注したドイツの軍事物資がシベリア鉄道を経由する許可をソ連政府から得ることを望んでいる。さらに近衛は、ソ連が重慶政府（国民党政権）との協力関係を停止する合意を、ソ連側から取り付けることを期待している」（三月十日）

一時はゾルゲを疑いの目で見ていた情報本部は電報コピーをスターリン、モロトフ外相に送付し、「あなたの報告は意味がある」とゾルゲに謝意を伝えた。

情報源は尾崎秀実とみられるが、対ソ交渉に臨む日本側の手の内を明かしたこの報告は重要で、日本側の交渉方針はソ連に筒抜けだったことになる。

松岡はドイツ、イタリアを訪問してヒトラーやムッソリーニと会談し、帰国時にモスクワを訪れ、スターリンと会談。四月十三日、日ソ間の領土保全、相互不可侵を義務付けた期間五年の日ソ中立条約がクレムリンで調印された。松岡がシベリア鉄道で帰国する際、スターリンが駅頭で見送ったことが知られる。

ゾルゲは日ソ中立条約調印を受けた首相官邸の様子をモスクワに報告した。

「尾崎が近衛首相のオフィスを訪れたちょうどその時、近衛は日ソ中立条約締結に関する松岡の電報を受け取った。近衛とそこにいた面々は、条約締結に歓喜の声を挙げた。近衛はすぐにそのことを東条陸軍大臣に電話で知らせた。東条は驚きも、喜びも、怒りの言葉も発しなかった。陸海軍と関東軍は、この条約について何らの声明も発表すべきでないという近衛の考えに同意した。

出席者全員の関心は、日中戦争の処理に日ソ条約をどう利用するかという問題に集中した。もし、蔣介石がアメリカに依存し続けるなら、日本はアメリカに対し、中国問題で友好的な相互関係を築く提案をすることも有効になる。尾崎は、この点が日本の今後の外交政策の根幹になり得るとみている。

近衛は尾崎に対し、ベルリンで松岡と大島（駐独大使）の間にいさかいがあったようだと語った。それは、大島がベルリンでの松岡の行動に不満を表明する報告を送ってきたからだ。

尾崎が直接、近衛にシンガポールについて尋ねると、近衛はドイツ大使オットらがこの

問題に非常に関心を持っていると答えた」（四月十八日）

尾崎は第二次近衛内閣でも、引き続き官邸に出入りしていたことが分かる。近衛が尾崎との会話でオット大使に触れたこと自体、政権中枢に浸透したゾルゲ機関の快挙を物語っている。

尾崎は逮捕後の尋問調書で、「日ソ中立条約の締結は、私にとってもゾルゲにとっても全く意外で、発表されて初めて知った」と述べ、サプライズだったとしている。電報からは、近衛らが日ソ中立条約をてこに、日中戦争の収拾や日米和解を検討した形跡が読み取れる。

松岡外相と大島大使は意見が合わず、親独派の大島は独ソ開戦を予期して日ソ中立条約を結ばないよう松岡に進言したが、松岡は取り合わなかったらしい。

モスクワの本部は四月二十四日、ゾルゲに対し、「あなたの主たる任務は、日ソ中立条約締結に関連した日本政府と軍司令部のすべての具体的行動、どの部隊をどこから移動させ、どこに集結させているかという軍隊の配置転換により、具体的に何がなされているかを確実に報告することだ」と訓令した。日米独ソ間で複雑な外交ゲームが始まった。

日米交渉に重大関心

ゾルゲが一九四一年、開戦を控えた日米の外交交渉に強い関心を持ち、情報収集していたことはあまり知られていない。

近衛内閣は米国の経済制裁や軍事衝突を憂慮し、日米の緊張緩和を志向した。ルーズベルト米政権も太平洋の緊張回避や日中戦争停戦に向け、日本との対話を望んだ。日米の対話機運は、四〇年から両国の経済界を通じた民間外交で浮上し、四一年四月十六日、野村吉三郎駐米大使とハル米国務長官による交渉がワシントンで始まり、計五十回にわたって続けられた。

ゾルゲは五月十九日、日米交渉に関する機密情報をモスクワの本部に送った。

「尾崎の情報源とオット大使によれば、アメリカは日本との間で新たな友好関係を樹立する提案を、グルー駐日大使を通じて日本側に提示した。

アメリカは日本軍の中国撤退を条件に、日本と重慶政府の調停を行い、中国における日本の特別な地位を認め、通商面でも優遇措置を取ることを申し出た。アメリカはまた、南太平洋における日本の特別な経済要求を認めると伝えた。ただし、米側は日本に対し、南太平洋への軍事進出停止と日独伊三国同盟からの離脱も要求したという。

この提案は、松岡が外遊から戻った直後、日米交渉の場で提起されたため、松岡にはシンガポール攻撃を求めるドイツの要請を満たす時間も、アメリカに断固たる立場を取る余裕もなかった。日本政府内では、積極派と静観派の間で深刻な対立が起きている。静観派の先頭に立つのは平沼（騏一郎）と海軍である」

この情報は、戦後公開された米側提案とほぼ合致している。松岡は自らの外遊中に相談もなく、日米交渉が唐突に開始されたことに不満だった。オット大使も日米がドイツの頭越しに交渉を始めたことに困惑していたという。この時点が日米開戦を回避する好機だったが、生かされなかった。

ゾルゲはその後も、日米交渉に関する情報をモスクワに送り続けた。

「オット大使によれば、松岡はハル国務長官に電報を送り、『私は訪欧で、ドイツが最終的に勝利するとの確信を得た。日本をドイツから引き離すことはできない』と警告した。

この電報の後、松岡は日米交渉についてドイツの意見を求めた。ドイツからの回答は、日米交渉が三国同盟に反するものであってはならない、ドイツはアメリカが戦争の蚊帳の外にいられるよう手助けできる、とのみ書かれていた。松岡はオットに、日米交渉の成功に大きな期待はしていないと打ち明けた。

松岡はまた、五月十四日にハルに電報を送り、交渉進展の条件として、①米国が重慶政府に圧力をかけて日本との合意を急がせること、②米国がドイツに敵対する軍事行動を慎むこと——を挙げた。グルー米大使が松岡に、日本は何をもってドイツに敵対する軍事行動とみなすのかと尋ねると、松岡は、英国へ向かう船の護送も軍事行動とみなされると答えた。

私はアメリカ側から、やや異なる話を聞いた。ドイツに敵対する行動を軍事行動とみなすとの返答を、日本は明確にしていないとのことだ。新任のドイツ武官は極めて悲観的で、日本側の公然たる裏切りを予想し、東京での任務から解放してほしいと申し出たほどだ」(五月十九日)

「松岡はオット大使に、日本側覚書へのアメリカの最初の回答を待っているところだと語った。松岡は独ソ戦が始まるかもしれないという噂を非常に気にしている。松岡の希望は、アメリカの欧州戦線への不参加とドイツ軍の英国占領であり、ソ連との戦争では決してない。松岡はそのことをリッベントロップ外相に伝えるよう大使に頼んだ」（六月十五日）

「アメリカの回答は、日米の国益の接近という点で満足のいくものだった。内容はまだ不明だが、日本が南洋の権利を要求せず、三国同盟を破棄するなら、日本は中国で大きな経済的利権を獲得できることが明記されているという」（六月二十八日）

親独派に転じた松岡は日米交渉に消極的で、ドイツに配慮して交渉経過を逐一オット大使に伝えていたようだ。独ソ戦が始まると、松岡はインドシナ進出に反対し、対ソ開戦を主張するなど閣内で暴走し、七月の第三次近衛内閣発足で外相を更迭される。

ゾルゲは逮捕後の尋問調書で、日米交渉に関する情報入手について、日本や米国の新聞も報じており、決して秘密ではないとしながら、「オット大使は松岡との会談内容を話してくれた。松岡更迭後は豊田（貞次郎）外相との会談内容も話してくれた。最後には、もっぱら尾崎から情報を得ていた」としている。

その後の日米交渉は、日本が七月、インドシナ進出を強行したことに米側が硬化し、英蘭とともに石油禁輸など「ＡＢＣＤ包囲網」を導入、暗礁に乗り上げた。六月の独ソ開戦の影響も大きく、陸軍はこの機に乗じて、交渉ではなく武力に訴えるべきだと主張した。

ゾルゲと尾崎が日米交渉の情報収集に努めたのは、その帰趨がソ連の安全保障に影響するためだった。尾崎は警察の尋問で、「日米が合意すれば、日独関係は疎遠になり、日本はソ連を刺激する行動を取らない。日米交渉が決裂すれば、日本は南進を選択し、日本がソ連を攻撃する余裕はなくなる」と話していた。

日米関係がどう転んでも、ソ連には好ましい展開ということだ。

命令無視して政治工作

一九四一年春、ドイツと英国の戦争が激化すると、ドイツは日本に英領シンガポールを攻撃するよう強く求めた。ドイツ軍の英本土攻撃が難航する中、英軍を動揺させ、兵力の一部をアジアに移動させるためで、オット大使らが日本側に働き掛けた。

三月九日のゾルゲ電によれば、リッベントロップ外相はオット大使に、日本にシンガポールを奇襲させるため、あらゆる手段を講じるよう命じた。

五月十日の電報によると、ヒトラーは四月に松岡と会談した際、「日本がシンガポールに迅速な軍事活動をするなら、ドイツは南太平洋の島々のすべての権利を放棄する用意がある。攻撃しないなら、ドイツは戦後も自らの権利を譲らない」と提案したという。

しかし、日本は慎重で中立姿勢を崩さなかった。同じく五月十日のゾルゲの電報によれば、近藤信竹海軍大将はシンガポール攻撃を求めるベネッカー独海軍武官に対し、「海軍はシンガポール攻撃の準備をしているが、今のところアメリカから重要な原材料を調達できる可能性があり、時期尚早だ」と答えた。

日本側には、独ソ不可侵条約締結というドイツの背信行為への不信が依然続いていたとみられる。

この頃、ゾルゲはドイツや日本政府に対して、政治的影響力を行使する用意があると本部長に打診した。

「尾崎は近衛や他の実力者に一定の影響力があり、緊急課題としてシンガポールに関する問題を提起することができる。シンガポール進攻を日本に教唆することに関心があるかどうか、見解を聞きたい。

私はドイツのオット大使にある程度影響力を持っており、日本のシンガポール攻撃問題で大使が日本に圧力をかけるよう促したり、抑えたりできる。あなたの要望について早急

に指示を出してほしい」（四月十八日）

一週間後、本部長は提案をあっさり却下し、「あなたの任務は、日本政府と軍最高司令部の軍事的、政治的動向を確実に報告することだ。近衛、オット、その他の人物に影響を与え、後押しすることはあなたと尾崎の任務ではなく、それに従事すべきではない」（四月二十四日）と回答した。

しかし、ゾルゲと尾崎は本部の命令を無視し、自発的に行動した。尾崎は朝飯会などで、日本が必要とする石油やゴムなどの資源は東南アジアにあり、シベリアにはないこと、ソ連が内部崩壊すれば、極東は自然と日本の支配下に入るので、武力行使の必要がないことを主張し、繰り返し南方進出を訴えた。

ゾルゲも極東ソ連軍の規模について、日本とドイツに偽情報を流していたとの説がある。ドイツのゾルゲ研究家、ユリウス・マーダーによれば、ゾルゲは彼に助言を求めてくるドイツ武官を通じ、極東におけるソ連軍部隊の規模についてドイツ側に偽情報を流した。同様に、日本の参謀本部にも極東ソ連軍の動向について偽情報を流し、日本側はソ連軍の多くの師団が西方に移動したことにすぐには気づかなかったという。（『ゾルゲ博士のルポ

ルタージュ』、一九八八年）

このあたりが、情報収集だけに従事する通常のスパイと異なるところだ。二人は思想犯でもあり、モスクワが意図したような忠実なスパイではなかった。

バルバロッサ作戦を十回警告

史上最大の地上戦となった独ソ戦は一九四一年六月二十二日、ドイツ軍の全面的な対ソ奇襲攻撃「バルバロッサ作戦」で始まるが、ゾルゲはドイツ大使館から事前に情報を得て、攻撃が近いと警鐘を鳴らす電報を十本程度モスクワに送っていたことが公開文書で分かった。これがゾルゲを「二十世紀最大のスパイ」とする神話の一つとなった。

公開された電報によれば、警告の第一報は開戦半年前の四〇年十二月二十八日付で発信している。

「ドイツから日本に来る人の誰もが、ドイツ軍がソ連の政策に圧力をかけるため、ルーマニアを含む東部国境地帯に約八十個師団を展開していると話した。もしソ連が、既にバルト地方で起きているように、ドイツの利益に反する活動を積極的に行うなら、ドイツはハリコフ、モスクワ、レニングラード方面の領土を占領し得るとしている。ドイツはそれを望んでいないが、もしソ連の行動によって強いられるなら、この手段に訴えることになるという。ドイツ人は、赤軍がドイツのような近代的な軍隊になるには、少なくとも二十年を要することをフィンランド戦争以降よく知っている。何度もソ連を訪れたことのある新任の武官も同意見だ。この武官は、八十個師団というのはいくらか大げさだと私に語った」

本部はこの電報に、「再確認の要あり。疑わしい」と書き込む一方、スターリンらの参考用に送付するよう指示した。

ソ連は四〇年六月、独ソ不可侵条約の秘密議定書に沿ってバルト三国に進攻し、併合したが、一方的な併合にはドイツ側から不満が出ていた。ヒトラーはフィンランド戦争で苦戦したことからソ連軍が弱体であると察知し、ソ連侵攻を考えたとの説もある。

第二報は四一年三月十日付で、「新任のドイツ武官が前任者から受け取った手紙は、ドイツの高級将校とヒムラー（ナチス親衛隊長）の側近の間で、反ソ機運が急激に高まっていると書いていている。新任武官は、今の戦争が終わると、激烈な対ソ戦争が始まるに違いないと考えている」と伝えた。

ゾルゲはその後も、侵攻警報を次々とモスクワに送った。

「ヒムラーの副官が東京に来て、フーバーというドイツ大使館員に対し、独ソの戦争がいつ始まってもおかしくないので、すぐドイツへ発つよう告げた。リッベントロップ外相は『ソ連がドイツを挑発しない限り、対ソ戦はない』という電報を大使館に送ってきた」（四月十一日）

「私はオット大使および海軍武官と独ソ関係について協議した。オットによれば、ヒトラーはソ連を撃破し、ソ連欧州部を手中に収め、欧州を支配するための穀物と資源の基地にする決意だという。

大使と武官は、独ソ関係の二つの重大な日付が迫っているとみている。一つは、ソ連で農作物の種まきが終了する時だ。種まきが済めば、対ソ戦はいつでも開始できる。ドイツは収穫するだけでいい。もう一つは、ドイツとトルコの交渉に関連しており、トルコがドイツの要求をのみ、ソ連がそれに横やりを入れるなら、開戦は必至だ。

とにかく、いつ何時、戦争が勃発してもおかしくない情勢にある。ヒトラーとドイツの将軍たちは、ソ連と開戦しても、対英戦の足かせには全くならないと確信している。ドイツの将軍らは、赤軍の戦闘能力を低評価しており、交戦すれば、数週間で粉砕できるとみている。彼らは、独ソ国境地帯のソ連の防衛体制も非常に脆弱とみている」（五月二日）

「ベルリンから東京に着任したドイツ外交官らは、独ソ戦は五月末に開始されようと語った。ただし、危機が回避されることもあり得ると付け加えた。ドイツはソ連向けに百五十個師団から成る九個軍団を保有している。（中略）ソ連攻撃の戦略構想は、対ポーランド戦の経験を踏まえて準備されるという」（五月十九日）

五月末、第一次世界大戦で学生部隊の同僚だったゾルゲの旧友、ショル中佐（元在日ドイツ大使館武官）がバンコクに武官として赴任する途中、東京に立ち寄った。ゾルゲはのちに検察の尋問で、ショルは大使に極秘に開戦情報を伝え、自分にも詳細を話してくれたとし、「その要旨は、独ソ戦は来る六月二十日に開始される予定で、二、三日延期されることもあるが、開戦準備は既に完了したということだ」と証言している。ゾルゲは帝国ホテルのロビーの片隅でショルからこれを聞いたという。

これが事実なら、六月二十二日の開戦をほぼ正確に言い当てているが、ロシアで公開された電報には、それを伝える文面はなかった。逮捕後の発言は、割り引いて考える必要がある。

ゾルゲが五月三十日に送った電報は、「ショルはソ連侵攻が六月後半に始まるとオットに通知した。九五パーセントの確率で戦争が勃発すると、オットも確信している」と開戦日を漠然と書いている。六月一日の電報は、「六月十五日前後に開戦になるとの情報は、ショル中佐がベルリンから持ち込んだ。オットはこの情報をベルリンから直接入手できず、ショルを通じて知った」と報告した。

同じ電報でゾルゲは、「ショルと話して私は、ドイツがソ連の犯した戦術的誤りに注目していることに気づいた。ドイツの見方では、ソ連の防衛線はドイツ軍の前線と直接対峙しているだけで、分岐線を持たないことに最大の欠陥がある。これなら、最初の大会戦で赤軍を撃滅できる。ショルは、ドイツ軍が左翼から猛攻を加えれば、最も強烈な一撃を加えられると語った」と本部に警告した。

この文面は意味が分かりにくく、本部は「戦術的誤り」や「左翼からの攻撃」の詳しい説明を求めた。この曖昧な表現は、既に述べたように、無線士クラウゼンのサボタージュによるもので、ゾルゲの電文を割愛して送信したとみられる。

ゾルゲはその後も、「ドイツから来た伝書使は武官に対し、対ソ戦は六月末まで延期されると伝えた」（六月十五日）、「オット大使は、独ソ戦はもはや不可避だと私に語った。尾崎は私に、日本軍参謀本部は独ソ戦に備えて日本が取るべき対応を検討していると伝えた」「武官の情報によれば、英軍と戦っていたドイツの一個航空連隊がポーランド南部に移動した」（六月二十日）と立て続けに情報を送った。

ドイツ軍侵攻警報は一部がスターリンらに送られたが、すべてが最高指導部に回されたわけではなかった。「左翼」に関する電報のコメント欄には、「ラムゼイの疑わしいデマ報告リストに入れる」よう手書きで書かれ、情報本部も半信半疑だったようだ。

「南進」か「北進」か

六月二十二日、ゾルゲの予告通り、ドイツ軍の奇襲攻撃が始まると、モスクワの本部は在京ソ連大使館の軍情報部に緊急電を送った。

「ドイツ・ファシズム強盗団がわれわれの祖国を攻撃した。この電報を受け取ったら、あなたの機関とネットワークを最大級の警戒態勢に置くように。六月二十七日にゾルゲと面会すること。六月二十九日を予備日とする。彼に一千米ドルを渡し、仕事を強化する必要があると告げよ。日本軍の移動とその目的に関するすべての重要情報をすぐに送れ」（六月二十二日）

本部はゾルゲにも電報を送った。

「あなたに前回の情報を感謝する。六月二十七日にわれわれの部下との面会に行ってほしい。われわれの部下があなたに金を渡す。次の郵便でまた金を送る」（六月二十二日）
「ドイツが起こした対ソ戦争に関して、日本政府のとる立場について情報を報告せよ」（六月二十三日）

本部はドイツ軍の全面侵攻に大慌てで、次の焦点となる日本の動向を全力で調査するよう指示した。

ゾルゲは検察尋問で、独ソ開戦まで絶えず各種の情報を送って注意を喚起したが、開戦後、「貴下の労を感謝する」という電報が届き、「こんなことは滅多になかった」と告白している。

ゾルゲは六月二十六日付で本部宛てに二本の電報を送った。

「この困難な時代にも、幸運がありますように。われわれ一同、ここで粘り強く仕事を遂行するつもりだ。松岡はオット大使に、一定の期間を経て日本はソ連攻撃に踏み切るに違いないと言った」

「ドイツのオット大使は、日本に対ソ参戦を迫る圧力をかけよという命令をまだ受けていない。尾崎の話では、日本海軍は参戦については静観するつもりだという」

独ソ戦が始まると、日本政府と陸海軍は連日、大本営政府連絡会議を開き、対応策を協議したが、結論は出なかった。

本部は二十六日、ゾルゲに対し、「独ソ戦に関して、日本政府がわが国に対してどのような決定を下したか報告せよ。わが国の国境に部隊が移動した場合は、直ちに報告せよ」と重ねて訓令した。

これに対し、ゾルゲは六月二十八日、日本側の対応をこう伝えた。

「サイゴンへ部隊を派遣する方針が、急進派の圧力で決定された。しかし、それはあくまでアメリカとの衝突は回避し、独ソの戦闘中に限るという条件付きだ。尾崎は、赤軍が敗北すれば、日本軍はすぐにもソ連領へ進撃するとみている。一方で日本は、独ソ戦の合い間にサハリン北部を平和的手段で購入することを望んでいる。

松岡外相はオット大使に、日本は常々確約しているようにソ連に進攻するが、天皇がサイゴン進出に同意しており、現時点でこの方針が変更されることはあり得ないと述べた。オットは、日本は今更北進しないことを理解した」

日本は独ソ戦勃発で、静観姿勢を維持したものの、ドイツ軍の破竹の進撃に影響され、「南進」か「北進」かで揺れ動くことになる。

独ソ戦への日本社会の反響については、在京ソ連大使館の軍情報部が調査した報告（六月二十五日付）が興味深い。

スタッフを動員して街の声をまとめた報告は「日本の庶民や知識層にとって、ドイツのソ連攻撃は全くの予想外だった。彼らは、攻撃したのは不可侵条約を破棄したヒトラー主義者であって、ヒトラーを信じてはいけないことを理解している」「一般の人々は、『日本がソ連と戦うことは不可能で、そこから得られるものは何もない。われわれはもう四年も戦争をして疲れている』と話している。新聞はドイツのプロパガンダを後押しするが、考えることのできる人は、そこには真実は少ないとみなしている」などと伝えた。

報告は結論として、「国民は全面的に戦争を望まず、厳しい国家体制にもかかわらず、戦争に反対するだろう。しかし、政府を信用してはならない。日本は国内情勢を健全に考慮することをせず、全く思いもよらない挙に出るかもしれない」と警告した。

報告は、庶民の醒めた反応を描いて意外性がある。

スターリンが開戦警告を無視

独ソ開戦情報はゾルゲだけの特ダネではなかったことが、今日では判明している。冷戦終結後、KGB要員のワシリー・ミトロヒンが西側に大量に持ち出した「ミトロヒン文書」によれば、戦後KGBの歴史家が調査・集計したところ、世界各地の諜報網がつかんだドイツによるソ連攻撃の通報は、スターリンに届けられたものだけで百件以上あったとされる。（クリストファー・アンドリュー、ワシリー・ミトロヒン、『ミトロヒン・アーカイブとKGB秘史』）

これらの通報は、KGBの前身であるNKVDからの情報で、ゾルゲなど軍情報機関の報告は含まれていない。

ロシアの歴史家、エレナ・プルドニコワは公文書調査を基にした著書で、ゾルゲが正確な開戦日を通告したとの神話は虚構だとし、モスクワのドイツ大使館に潜伏したスパイが「六月二十一日開戦」を伝えており、これが現実に最も近かったと書いた。（『ゾルゲは№1のスパイだったか？』）

確かにゾルゲの攻撃日の予測は「五月末」「六月後半」「六月十五日」などと変転したが、ドイツ指導部内でも侵攻の日付は流動的だったとされる。

同書はまた、ゾルゲの電報は情報確認の副次的な役割にとどまり、最初にドイツ軍の開戦準備を伝えたのは、一九四一年二月十八日にベルリンから届いた情報だったとしている。しかし、ゾルゲは四〇年十二月末、八十個師団の東部国境集結説を伝えており、この情報の方が早かった。

スターリンが大量の独ソ開戦警報を得ていながら、これを信用せず、準備を怠ったことは現代史の謎だ。ソ連軍は緒戦で大敗し、ドイツ軍は破竹の勢いでモスクワ郊外まで迫った。ソ連は最終的に勝利したものの、ソ連全体の大戦死者は二千七百万人に上り、第二次世界大戦全体の死者推定五千万人の半分を超えた。

ミトロヒン文書によれば、スターリンは種まき後に攻撃が始まるとしたゾルゲの電報に、「日本で零細工場と売春宿を営んでいる嘘つき野郎」と書き込んだという。「零細工場」とはクラウゼンの複写機工場とみられ、ゾルゲと混同していた。

二〇〇五年に解禁された公文書では、スターリンはドイツ航空部隊に潜入したスパイが伝えたドイツ軍侵攻警報に、「この情報源を叩き出せ。こいつは偽情報源だ」と緑色の鉛筆で殴り書きしていた。

スターリンはヒトラーを最後まで信用し、侵攻説を英国が流した偽情報とみなしたとされるが、現実逃避を続けた真相は不明だ。専門家の間では、「攻撃計画を裏付ける公文書がなかった。スターリンは諜報で得た情報を信用しなかった」（フェシュン、『ゾルゲ・ファイル』解説）、「独ソ不可侵条約が締結されると、スターリンらはソ連軍情報機関に対する批判をこれまで以上に強めた」（オーウェン・マシューズ、『ゾルゲ伝』）といった憶測がある。

マシューズによれば、モロトフ外相は回想録で、「われらの諜報機関を信頼できなかったのだと思う。（中略）諜報員の言うことは聞くべきだが、その情報を検証しなければならない。（中略）常に綿密なチェックと再確認をしなければ、諜報機関を信用することはできない」と書いていた。スターリン粛清後の「不信感が蔓延し、殺伐とした雰囲気」（『ゾルゲ伝』）も影響したかもしれない。

モスクワで自らの侵攻警報が重視されていないことを察知したゾルゲは、ブケリッチを通じて情報をアメリカの四紙に持ち込んだ。このうち「ニューヨーク・ヘラルド・トリビューン」が掲載したが、中面での短信という小さな扱いで反響はなかった。

一九四一年六月二十二日、ゾルゲは午前中家にいて、大使館付武官かドイツ通信社支局から電話でドイツ軍侵攻の知らせを受け、帝国ホテルに向かった。ワイマントは「帝国ホテルに着いた頃には、号外が配布された。大見出しには『ドイツ、ソ連を攻撃！』と記してあった。ゾルゲはそれが起きることを知っていながら、いざ実際に起きてみると、ショックを抑えられなかった」と書いている。（『ゾルゲ―引裂かれたスパイ』）

この頃、ゾルゲは自暴自棄になり、酒量が増え、精神的に暴走するようになった。開戦の夕方、帝国ホテルからオット大使に電話し、「この戦争は負けですよ」と大声で叫んだことが知られる。ドイツ人の父、ロシア人の母を持つゾルゲにとって、独ソ戦は引き裂かれる思いだったのだろう。

御前会議をスクープ

独ソ戦勃発後、ゾルゲ機関にとっては日本の出方を探ることが最大の任務となった。ソ連軍が敗走する中、ドイツと同盟を結ぶ日本が東方からソ連に侵攻するなら、挟撃作戦となり、ソ連は敗北し、存続の危機に直面しかねなかった。

日本の進路を決める御前会議は七月二日皇居で開かれ、南方進出を進める一方、対ソ戦にも備えるという国策要綱が決定された。発表されたのは「今日の時局に当たり、重大な国策が決定された」という一文だけで、内容は機密事項だった。

ゾルゲは尾崎から御前会議の決定を聞き、七月十日に本部に送信している。

「尾崎によれば、サイゴンへの軍事行動計画を変更しないことが、御前会議で決定された。ただし、赤軍の敗北に備えて、対ソ軍事行動の準備をしておくことも同時に決定された。ドイツ大使オットも『ドイツ軍がスベルドロフスク（現エカテリンブルク）に到達したら、日本はソ連と開戦する』と同じことを言っていた。（中略）オットは松岡に日本の対ソ参戦を促そうとした。

ドイツ大使館の武官は、日本が参戦するのは早くとも七月末か八月初めであり、準備が完了次第、日本軍は直ちに行動するとベルリンに打電した。武官は、レニングラード、モスクワ、ハリコフの占領とともに、ソ連体制の終焉が訪れると確信している」

この電報が日本軍の南進方針を通報したゾルゲの一大スクープとされており、確かに最初の一節で国策要綱の要点をつかんでいる。

第四本部のパンフィーロフ本部長代行は電報に、「情報源の非凡な能力と、彼の以前の報告のかなりの部分が信頼に足ることから推して、この情報は信頼に値する」と書き込んだ。

ゾルゲは検察尋問で、尾崎が御前会議の情報を持ってきたのは、会議から五、六日後としている。尾崎は検挙後の調書で、御前会議の二、三日後に、満鉄東京支社で西園寺公一から聞き、ゾルゲの自宅で説明したと明かした。オット大使も松岡外相から国策要綱の中身を聞いており、ゾルゲは大使の情報も電報に書き加えた。

一方で、ゾルゲは御前会議当日の午後にはその内容を掌握していたとの説もある。

アバス通信支局長だったギランは著書で、「ゾルゲはこの極秘の会議の直後に情報を得ていたと断言できる。実際、会議の決定の要旨が私に届いたのはその日のうちのことであった。それはいつものように、ゾルゲからブケリッチ経由で私の手許にきたのだった。その晩、フランス大使は私からその決定について聞いた」と書いている。(『ゾルゲの時代』)

ゾルゲが御前会議直後に内容を把握したとすれば、尾崎経由のはずだが、「御前会議の二、三日後」とする尾崎の証言とは異なり、真相は不明だ。

ゾルゲは御前会議翌日の七月三日にも電報を送っていた。電報は、本部が問い合わせたドイツ軍の「左翼からの攻撃」に関する疑問に答えた後、こう伝えた。

「ドイツ武官によれば、日本軍参謀本部は、ドイツ軍の大規模攻撃と赤軍の敗戦が不可避であることを踏まえ、どう行動するかで頭が一杯になっている。

武官は、日本は五週間以内に戦争を始めるだろうと考えている。日本軍の攻撃は、ウラジオストク、ハバロフスク、サハリンに対して始まり、サハリン側から上陸部隊がソ連沿海地方を攻撃しそうだ。ただし、日本国民全体の気分は、ドイツの軍事行動と日本の参戦に反対している。

情報源の尾崎は、日本は六週間後に参戦すると考えている。一方で彼は、日本政府は三国同盟を守ることを決定したが、ソ連との中立条約も堅持するだろうと伝えてきた。日本はインドシナのサイゴンに三個師団を派遣することも決定した。この決定には、これまでソ連を攻撃目標にすることを支持していた松岡も賛成した。

宮城と小代は、華北からの部隊の一部が移動して東部国境の警備が強化されたこと、北海道に部隊が増強されたことを耳にしたと伝えてきた。

京都に戻った一個師団は、北に向かう模様である」

異なるソースの情報を網羅したこの電報は、御前会議には触れず、「北進」に比重を置き、焦点が定まっていない。日ソ中立条約堅持としながら、対ソ攻撃が切迫している印象をモスクワに与えたはずだ。

その後もゾルゲ機関は、「南進」か「北進」かの判断で揺れ動くことになる。

七月の国策要綱は、南方進出を積極的に進める一方、北進については当面不介入方針を取り、戦況がドイツ有利に展開すれば、武力行使もあり得るという内容だった。現在も続く、日本の高級官僚特有の「両論併記」と「非決定」に、ゾルゲ機関も翻弄されたかにみえる。

「関特演」に翻弄される

御前会議は当面の対ソ不介入方針を決めたものの、東条英機陸相は七月七日、「関東軍特種演習」、いわゆる「関特演」を発動し、七十万人以上の兵力を満州に動員する空前の大演習を命じた。ゾルゲ機関はこの大動員をめぐる情報集めに奔走し、振り回された。

ゾルゲは日本軍の動員状況を報告しながら、日本が対ソ参戦に踏み切る可能性のあることを伝えている。

「日本には南進を強く求めるグループがいるが、関東軍の青年将校の一団は対ソ戦を支持している。私の意見では、日本は独ソ戦の推移を見守っており、戦争準備には六週間かかる。もし赤軍が敗北すれば、日本軍は参戦するが、敗北しない場合、静観の態度を維持するだろう」(七月十二日)

「現在、日本では徴兵が行われており、動員兵士は朝鮮、中国、満州に送られる。ドイツ軍がレニングラード、モスクワ、キエフを占領すると、日本は宣戦布告なしにソ連を攻撃

するだろう」（七月十五日）

「尾崎と宮城によれば、日本軍は新たな動員により八月半ばには二百万の兵力を擁することになる。（中略）尾崎は、赤軍がモスクワの手前でドイツ軍を阻止すれば、日本は参戦しないと確信している」（七月三十日）

「独ソ開戦から六週間を経て、戦争準備をしていた日本の指導層は、ドイツ軍の攻撃が停滞し、かなりの部隊が赤軍によって殲滅されているのを見ている」（八月十一日）

一方、ドイツは七月の御前会議後、在京大使館を通じて日本に対ソ参戦を求める働き掛けを強めた。ゾルゲはオット大使の動向を逐一モスクワに送った。

「オットは私に、日本に参戦を催促したが、日本は当面、中立維持を望んでいると語った」（七月十二日）

「オットはリッベントロップ（外相）に電報を打ち、七月に発足した第三次近衛内閣は引き続き対独関係を基礎に置くと指摘した。第二次内閣と異なるのは、親独派の松岡が辞めたことだ。オットは、基本政策は変わらないが、参戦のテンポが遅いと報告した。新内閣

はドイツに対して無関心であり、オットにとって一段と困難な状況になった」（八月七日）
「アメリカの立場はますます反日的になっている。対日経済封鎖を強化しているが、日本軍参謀本部は動員された兵員を元に戻すつもりは全くない。参謀本部は、既に冬が近づきつつあることから、近く最終決定が下されると確信している。この二、三週間で日本の決断がなされるだろう」（八月十一日）
「ドイツは毎日、日本に参戦するよう圧力をかけている。ドイツは先週の日曜までにモスクワを占領すると日本の上層部に約束していたが、それを果たせなかった事実が日本側の意気込みに水を差した」（八月十二日）
「土肥原（航空総監）と東条（陸相）は日本の対ソ参戦は時期尚早と考えていると、尾崎が伝えてきた。ドイツは日本のそうした態度に非常に不満だ」（八月二十三日）

対ソ戦に踏み切る場合、時期が重要な問題であり、シベリアの厳冬期は避けねばならない。そのためには早期の開戦が必要だが、ドイツの短期決戦での勝利の可能性は消え、ソ連軍の抵抗は根強かった。

特に、八月にスモレンスク攻防戦が膠着（こうちゃく）したとの情報が伝えられ、年内の対ソ開戦は無理との悲観論が政府内で強まったという。対ソ開戦派に転じた松岡外相が更迭され、北進に慎重な海軍出身の豊田貞次郎が後任に起用されたことで、参戦論は遠のいた。

ゾルゲは八月二十三日、宮城からの情報として、「動員兵のうち、四十万人は国内にとどまる。多くの兵士は半ズボン、すなわち熱帯用の短いズボンを支給されており、南方に派遣されると思われる」と伝えた。行き先が極寒のシベリアではないことを意味し、これもゾルゲ機関のスクープだろう。

ゾルゲが翌年春までの対ソ参戦はないと決め打ちしたのは、九月に入ってからだった。

「オット大使は日本を対ソ戦に引き込む望みをすべて失った。白鳥（敏夫、外務省幹部）はオットに対し、日本が戦争を始めるにしても、石油と金属の得られる南方に限られると述べた。日本海軍の一人がパウラ（ドイツ海軍武官）に対し、日本のソ連攻撃はもはや問題にならないと言った」（九月十一日）

「尾崎によれば、日本政府は、今年はソ連を攻撃しないことを決めた。宮城の情報源によれば、北に派遣されるはずだった第一四歩兵師団の一個大隊が、東京の兵舎に引きとめられている」（九月十四日）

「オットの意見では、日本のソ連攻撃は今や問題外となった。攻撃があるとすれば、ソ連が極東から大量の軍隊を西に移動させる場合に限られよう。国家に多大な経済的、政治的負担をかけることになる巨大な関東軍の維持と大規模な召集の責任について、あらゆる機関で論争が始まった」（九月十四日）

北進はないと決め打ちした電報に対して、パンフィーロフ本部長代行は「これはしっかり調べる必要がある」と書き込んだ。しかし、三本の電報はクレムリン指導部や軍上層部に転送されておらず、どこまで利用されたかは不明だ。情報本部は、日本のソ連攻撃や満州への部隊集結に関する情報を優先的にスターリンらに送っていた形跡がある。

一方、精強の関東軍は大戦を通じてほぼ満州に温存され、激戦地に投入されることは戦争末期までなかった。

ゾルゲ神話に揺らぎ

「日本軍は南進し、北進しない」というゾルゲの通報で、スターリンは強力なシベリア部隊をモスクワ防衛に移送し、独ソ戦敗北の危機を回避したという神話が戦後、信じられてきた。

GHQ情報参謀のウィロビーG2部長はゾルゲ事件を調査し、『日本軍はソ連攻撃の意思なし』というゾルゲの情報に基づき、ソ連はシベリア部隊を西部戦線に送ることができ、モスクワの防衛を可能にした」と評価した。

ソ連の歴史学者、ドミトリー・ボルコゴノフ元戦史研究所所長も、「ゾルゲの情報は信憑性が高いと評価され、その結果、スターリンは日本の攻撃に備えて極東に配備していたソ連軍をドイツとの戦いに投入できた。九月中には、二十個師団を極東からモスクワ周辺へ移動させた」と指摘しており、ソ連でもこの神話が流布された。(『国際スパイ　ゾルゲの真実』)

確かに、独ソ戦から二カ月の日本の動向はソ連にとって死活的で、仮に四一年夏、日本が対ソ参戦していれば、第二次世界大戦の結末は全く違うものになっていたかもしれない。ただ、本部とゾルゲの関係はぎくしゃくしており、情報本部がゾルゲの情報を完全に信用していたわけではなかった。

情報本部は七月から九月まで、七本の「特別報告」を本部で独自に作成し、ゾルゲや他のエージェントの情報に独自の分析を加え、日本の対ソ戦準備が進んでいることをスターリン指導部に報告した。

長文の特別報告は、「赤軍の敗北に備え、日本が対ソ戦の準備をする決定が採択された」（七月十四日）、「軍第四本部とNKVDの情報筋、米英の情報によれば、日本軍司令部は八月一日までに、既存の十二個歩兵師団に加え、六個歩兵師団を満州に配備した」（八月二日）、「日本の参戦時期は最終決定されていないが、八月中のソ連攻撃が可能だ」（八月二十日）、「日本では三十万から四十万の追加動員が行われるとの情報がある。満州と朝鮮への部隊集結は、ソ連に向けられたものだ」（八月二十九日）などと伝えた。

対ソ参戦を示唆する情報ばかりを集めて編集し、最高指導部に警告する内容となっている。日本の攻撃があった場合に備えた責任逃れと言えなくもない。

情報が錯綜する中で、フェシュンは、「戦局転換につながった、シベリアと極東のソ連軍部隊の西部戦線への移動は、ゾルゲからの電報というよりも、モスクワが陥落するかもしれないという自暴自棄の決定とみなすこともできる。スターリンは危険を冒し、二級部隊のみを残して極東戦線を大幅に弱体化させていた」と指摘した。（『ゾルゲ・ファイル』解説）

一方、ミトロヒン文書を編集したクリストファー・アンドリュー英ケンブリッジ大教授によれば、ソ連はこの頃、日本外務省と在外公館間の機密暗号電報を解読しており、日本の攻撃がないとスターリンを説得する上で、ゾルゲ電報よりも影響力が大きかったという。

それによると、NKVDの暗号解読部門が一九四一年秋、米国より一年遅れて「パープル」と呼ばれる日本の外交暗号解読に成功した。この部門を主宰したのは、セルゲイ・トルストイという専門家で、功績によりレーニン勲章を二度受章した。

暗号解読の結果、十月から十一月にかけて八ないし十の師団と戦車一千両、航空機一千機を西部に移送することができたという。暗号解読で、日本がソ連より米英との戦争に傾斜していることも察知した。

事実なら、通信・信号を傍受して諜報活動を行うシギントの成果となるが、ミトロヒン文書の原文は公開されていない。何が決定打になったかは、クレムリン中枢の機密文書解禁まで待たねばならない。

未知のスパイが日本に潜入

ロシアの文書公開により、ゾルゲ事件でこれまで全く知られていなかったソ連側の新しい登場人物が浮上した。

一人は、ゾルゲらを裏で統括した在京ソ連大使館情報部トップのイワン・グシェンコ大佐だ。陸軍戦車部隊の指揮官出身で、短期間の外交官訓練を経て一九四〇年十月、武官として東京に着任。ゾルゲ機関摘発を挟んで四二年六月まで駐在した。スターリンの軍粛清に伴う人材不足で、急遽現場から駆り出されたとみられる。

ゾルゲとは会っていないはずだが、生粋の軍人だけに、奔放で自己中心的なゾルゲには批判的だった。

「イカルス」というコードネームのグシェンコは本部への報告で、ゾルゲをこう批判している。

「私は、ゾルゲが知っていることをすべて報告していないのでは、と疑っている。オット大使はゾルゲを最高のドイツ人スタッフと評価し、ゾルゲも政治状況や軍事情報を頻繁に大使に報告しているが、もしもそれらの情報を本部に伝えていないなら、ろくでなしだ。部下が彼のところに資料を取りに行った時、何もないと答えた」(四一年八月十四日)

グシェンコは部下をゾルゲやクラウゼンの下に派遣し、資金や資料の受け渡しを管轄した。帰国後は戦車軍団参謀として独ソ戦に参加し、四三年二月、ウクライナ東部ルガンスク州の戦闘で戦死した。ゾルゲ関連の公開資料には、ロシア・ウクライナ戦争で注目された地名がしばしば登場する。

ソ連軍情報機関がゾルゲ以外に、在京ドイツ大使館に女スパイを潜入させていたらしいことも分かった。

グシェンコ武官が四一年七月十三日、本部に送った電報は、「イリアダが暗号電報を送信したり、本部の指示を受けられるようにするため、クラウゼンと接触させることを提案する。イリアダとは秘密の合言葉で接触できる」と伝えた。

ここで、「イリアダ」という新しい工作員が出てくる。本部の電報への書き込みによれば、イリアダはウクライナ西部のリボフでソ連軍情報機関にリクルートされ、モスクワで十日間の短期研修を受けて東京に送られた。東京のドイツ人社会や日本の上流階層に浸透し、四一年から日本の政治状況や対ソ計画に関する情報収集に取り組んだが、エージェントのリクルートはできなかったという。フェシュンの調査では、イリアダはドイツ大使館に勤務していた。

本部はこの電報に対し、「ゾルゲとかかわることは全面的に禁止する」とし、別の無線士を探すよう指示した。また、緊急時に備えてゾルゲに三―六カ月分の資金を渡すよう通達した。本部は国交断絶と大使館閉鎖を覚悟していたことが分かる。別のエージェントがドイツ大使館に潜入していたことを、ゾルゲは知らなかったはずだ。ソ連軍情報機関がこの時期、ゾルゲ機関以外に少なくとも五人の非合法工作員を日本に置いていたらしいことも分かった。

本部は七月二十四日、日ソ国交断絶に備えて、在京軍情報部のグシェンコにこんな電報を送った。

「あなた方の合法的機関の活動が停止した場合、非合法組織を維持するため、以下の手順で行うことを改めて指示する。

一、すべての非合法工作員（イスパリン、イバ、イリアダ、イーラ、マロン）で一つの機関を組織する。リーダーにはイリアダかイバを指名する。

一、上海に行くことのできる男を探す。彼に便宜を図り、工作員と接触し、本部に連絡してもらう。

一、合法的な工作員の中から、非合法活動を担当する人物一人が残り、機関を運営することを提案する。この人物に携帯用無線装置を装備させる」

日ソ開戦で大使館の合法機関が撤収する場合に備え、非合法機関を再編して情報活動を継続する方針を示したようだ。

これに対し、グシェンコは八月一日付で、「今の日本で諜報グループを組織するのは、エージェントの未熟さや未経験のため、摘発される恐れがあり、不適切だ。イリアダはチェックされている。彼女は自分と家族の幸福のために働いているが、今のところ何の役にも立っていない。他人の指導の下でしか働けない。当面、上海に機関を設立し、そこから日本での活動を統轄するのが良いと思われる」と否定的な回答を送った。これに対する本部の反応は公表されていない。

グシェンコは同じ報告で、「カルメンとの関係を断ち切るべきだ。彼女の振る舞いはわれわれの邪魔になる」と指摘した。ここで、「カルメン」という別のエージェントも登場する。

アレクセーエフの調査では、カルメンは非合法スパイで、ユダヤ系米国人女性。米国で飛行士を目指しながら、労組や共産党活動に参加。三七年にモスクワでリクルートされた。

東京に送られ、在日米大使館に食い込んで、政治・軍事情報を入手する任務が与えられたという。四一年時点で二十六歳。（『あなたに忠実なラムゼイ　下巻』）

これらの非合法工作員はコードネームで呼ばれ、国籍や性別も不明だが、スパイとしての実力はゾルゲに到底及ばなかったようだ。

一方、軍情報機関のライバル、NKVDも同じ頃、「エコノミスト」と呼ばれる日本人スパイを東京で運用し、機密情報を得ていたことが、二〇〇五年に共同通信の報道で分かった。共同モスクワ支局が入手した文書によれば、在京のNKVD要員が一九四一年九月の御前会議の内容を情報源の「エコノミスト」から入手して通報し、スターリンらに報告されたという。

三宅正樹明治大学名誉教授は「エコノミスト」の正体について、戦前モスクワに勤務した北樺太石油の高毛礼茂と推測した。高毛礼はハルビン学院を卒業したロシア語通訳で、戦後は外務省に勤務。五四年に発覚した「ラストボロフ事件」で、三十六人のソ連スパイの一人として警察に逮捕され、有罪となった。（『スターリンの対日情報工作』）

これに対し、作家の西木正明は小説『ウェルカム　トゥ　パールハーバー』（角川学芸出版、二〇〇八年）で、「エコノミスト」は第三次近衛内閣で外務次官を務めた天羽英二・元駐イタリア大使だと推定した。西木は、このエージェントが豊田外相や左近司政三商工相らの昼食会の内容を通報しており、相当の大物でないと同席できないこと、天羽はモスクワ駐在時代、ソ連側のハニートラップにかかった疑いがあることを挙げた。

ソ連スパイのラストボロフは米国亡命後、「エコノミスト」について「女性問題でソ連に脅迫され、エージェントになった」と話していた。

日本の外交官が各国情報機関のハニートラップの標的になることも、戦前戦後と繰り返された。

「エコノミスト」を運用したNKVDは軍情報機関より組織、人員規模が大きく、日本に独自のスパイ網を構築していた可能性がある。日本が当時、モスクワにスパイを置いていた記録はなく、情報戦でもソ連・ロシアが先行していた。

東京での活動は「潮時」

一九四一年のゾルゲは、国際情勢の悪化や仕事の重圧、官憲の監視で極度の緊張を強いられ、陰気で怒りっぽくなったという証言がある。

友人のドイツ人記者ウラッハはこの頃のゾルゲについて、「酒を飲むと熱狂状態になり、屈辱感、攻撃性、パラノイアと誇大妄想、孤独感といった特徴を併せ持つ慢性アルコール中毒だった」と回想している。(『ゾルゲ・ファイル』解説)

愛人の石井花子は戦後出版した著書で、四一年のある晩の様子を描いている。

「ゾルゲは書斎のベッドに横たわって、手を額にあて、じっとしていた。わたしはそばへ行って腰をおろし、彼の顔をのぞいて見た。ゾルゲは黙って泣いていた。ゾルゲのような強い男が泣くことがあるとは思えなかった。(中略)わたしはとまどいながら、彼の頭をひしと抱きしめたり、腕や背を撫でてやった」(『人間ゾルゲ』)

岡山県倉敷市出身の石井は、銀座のドイツ風パブ、「ラインゴールド」でホステスとして働いていた。三五年十月、ゾルゲの四十歳の誕生日の夜、店で隣に座ったことから交際が始まり、週の半分はゾルゲの家に住み、半同棲生活だったという。

精神的な不安定は、本部とのやりとりでも読み取れる。ゾルゲは四一年二月に送った本部長宛て書簡でこう訴えた。

「ご存じの通り、クラウゼンは昨年、重病を患った。重い心臓病が再発するかもしれない。私もこの数カ月で不愉快な心臓発作が起きた。加えてインフルエンザにもかかった。この国の非常に困難な状況下で途切れることなく仕事をしてきたのだから、当然の結果だ。われわれ全員が徐々に健康を失いつつあり、私とクラウゼンに三週間の休暇をとらせてもらいたい。クラウゼンの後任も考えてほしい。資金についても、適宜受け取り、有事に備えた予備資金を確保しておく必要がある」

石井花子

ゾルゲが心臓病にかかった記録はないが、次第に弱音を吐き始めた。しかし、モスクワの対応は冷淡だった。

本部は二月十七日、「四〇年に送られてきたあなたの資料を慎重に検討したが、日本の軍事的、政治的意図や軍事力を適宜伝えるという課題に応えていない。資料の大半は秘密でもなんでもなく、タイミングよく送られていない。有能な情報源をリクルートせよという指示も遂行されていない」と批判し、組織の支出を月二千円に半減し、情報源には貴重な資料のみ出来高で支払うと一方的に通告した。

支出削減は、ソ連国内の外貨節約運動が影響した可能性がある。本社と海外の出先が予算や待遇をめぐってやり合うことは、現在の民間企業でもみられる現象ながら、ゾルゲは本部の経費削減通告に激しく憤った。

三月十八日の返電は、「支出を二千円に減らすなら、せっかく築いたこの小さな組織が破壊されることを覚悟せねばならない」「どうしても減らすというなら、中央の指示で送られてきた宮城とブケリッチを解雇してほしい」「提案に同意できないなら、私を国に召還するよう要求せざるを得ない」と書いた。

ここでゾルゲは、尾崎と宮城・ブケリッチを差別化しており、エージェントとして尾崎を最重視している。

本部長はこの電報に手書きでコメントし、「今は召還を考える場合ではないとゾルゲに伝えること。現下のような状況では、多少とも自尊心のある党員や諜報員はこのような質問をすべきでない」と一蹴している。

ゾルゲは三月二十六日、本部長に長い書簡を送り、「支出を半減するとの指示を、われわれはある種の懲罰と受け取った」とし、軍事情報が手薄だとの批判について、「優れた軍人を組織に引き込むという任務を達成できなかったことは認めざるを得ない。しかしながら本部長殿、ここがどんな国なのか想起していただきたい。この国の支配層は金でどうにでもなるろくでなしだ。しかし、将校集団の支配層はそうではない。この集団はあまりに少数で、閉鎖的ですべての異国人に対して敵意を持っている。本当の動きを知っている少数の層から、常に情報を提供してくれる恒久的な情報源を見出すことは至難の業だ」と書いた。

予算については、「可能なら、月々三千円を使わせてほしい。これは絶対的に最小限の金だ」と述べ、それ以外に緊急脱出用の出費も考慮するよう要求した。その上でゾルゲは、途切れることなく日本で働き、「既に限界だ」と述べ、「センターに戻る潮時でもある」と帰国を直訴した。

書簡は「われわれは既に丸七年間も二重生活をしており、これ以上続けることはとてつもなく困難だ」と告白した。長年の緊張に本部への不信が重なり、「潮時」という表現を使ったようだ。この頃のゾルゲは、日本側の摘発をうすうす予感していた形跡がある。

この書簡に対する本部の返答はなかった。予算はドイツ軍侵攻の通報が評価されて増額に転じたが、ゾルゲらは休暇を取ることもなく、時代の激動に駆り立てられた。

モスクワで毀誉褒貶の入りまじるゾルゲについて、軍情報本部が二重スパイの疑いがあるとする文書を作成していたことも分かった。

本部長代行の指示でコルガノフ第四部長（少将）が作成したゾルゲの身元照会に関する長文の文書（四一年八月十一日付）は、経歴や活動を列挙した上で、「政治的不信の由来」として、「ゾルゲは長期にわたり、人民の敵と判明した情報本部元幹部らの指導の下で働いた」「彼は東京のドイツ大使館にあるファシスト細胞の書記だ」「もし彼がソ連のスパイだと暴かれているなら、なぜ日本やドイツは彼を抹殺しないのか。出てくる結論は一つだ。つまり、日独が彼を抹殺しないのは、スパイとしてソ連に差し向けるためである」と書いている。

一方で文書は、「ゾルゲの送る情報はほとんどが真実だった」「彼の組織以外に有力な情報源がない」ことから、働かせておくことが望ましいと結論付けた。それにしても、ドイツ軍の猛攻でソ連が追い詰められ、日本の動向が注視されるさ中に、軍情報機関がこの種の報告書を作成すること自体、いかにもソ連的だ。

スパイ活動で多大な成果を挙げながら、組織内で「二重スパイ」と執拗に疑われたこともゾルゲの悲劇だった。

クラウゼンのサボタージュ

精神的な不安定は、無線士のクラウゼンも同様だった。スパイの仕事が嫌になり、送信すべき電報の短縮や削除、送信の遅延が日常化した。

クラウゼンは逮捕後の検察尋問で、「一九四一年にゾルゲから渡された電文を全部打電したとすれば、四万語位になっていたと思うが、実際は一万三千余りしか打電しなかった」と告白している。

サボタージュの理由について、「ゾルゲの電文があまりに多すぎて、これを全部送るのは大変な仕事だった。私は心臓が悪かったので、自分の健康を犠牲にしてまでやりたくなかった。それに私はスパイの仕事が嫌になっていた。共産主義に対する信念が動揺し、まじめにスパイの仕事をしようという気持ちがなくなってきた」と供述した。

また、「思想的に動揺し、諜報活動が苦痛になり、その結果、営業の方に力を入れた。精神的な悩みを紛らわすために酒を飲むようになった。その頃、ゾルゲ宅へはたびたび行ったが、酒ばかり飲んでいた」という。

ゾルゲについても、「彼の性格を説明するのは難しい。一度も本当の性格を見せたことがない。共産主義のためとあらば、最善の友さえ倒し得る人物である」「人間としては最上のものではない。いつも私をボーイ扱いしていた。婦人を厚遇したが、私の妻を好んでいなかった」と酷評している。

電報の割愛、短縮と思われる個所は、公表された電文で目に付く。たとえば、八月七日の電報は、「日本の大動員の状況を少し詳しく報告する。動員年齢は二十三歳から四十五歳まで。各二万人ずつの新師団は七月七日から動員が始まった。（中略）第一六師団は徐々に満州に移動する準備を進めている」などと伝えた。「少し詳しく」と言いながら、二パラグラフで終わっている。

本部のスタッフは電報の末尾に「ゾルゲは嘘をついているのではないか。もっと詳しく。第一六師団はどこに展開しているのか」と書き込んだ。

「第一四師団の兵士らは小集団ごとに大陸の各部隊に送られ……」という八月十二日の二パラグラフの電報は、逮捕後に特高警察がクラウゼンの自宅から押収した元の原稿と比較すると、原文の五分の一以下に圧縮されていた。

「日米交渉は今後の進展により、一時的にせよ合意に達する可能性がある」という九月十四日の短い電報は、押収されたオリジナル原稿の五パーセントも送信していなかった。

押収されたオリジナル原稿には、「日本軍の対ソ参戦は、ソ連軍が西部へ大移動し、シベリアで内政上の騒乱が起きた時だ」「関東軍を大増強したことに、陸軍内で激しい議論が起きた」「日米交渉は、①日本が仏領インドシナより先に進出しない、②日本は将来の三国同盟脱退を保証する、③米国は日本に大規模な経済的報償を与える――などの修正が加えられて合意する可能性がある」「海軍は、陸軍の準備不足、ソ連軍のドイツへの抵抗、日本の経済危機などから、近衛首相に対米交渉をやらせてみることを決めた」――など興味深い情報が盛り込まれていた。（『現代史資料24　ゾルゲ事件4』）

ワイマントはクラウゼンの背信について、「彼の性格から見て、こうした故意の妨害行為の裏には、無線が探知されることへの恐れもあったにせよ、ゾルゲに対する個人的な恨みが強く影響していた」と書いた。（『ゾルゲ――引裂かれたスパイ』）

クラウゼンの裏切りに、ゾルゲは最後まで気付かなかった。

ゾルゲは真珠湾攻撃を知っていたか？

数ある「ゾルゲ神話」の中に、ゾルゲは検挙前に日本軍の真珠湾攻撃計画を察知し、モスクワに通報していたとの伝説がある。クレムリンはそれをホワイトハウスに伝え、ルーズベルト大統領らは真珠湾攻撃を事前に知りながら放置し、対日戦の口実にしたとする一種の陰謀論だ。

防衛研究所戦史研究センターの清水亮太郎主任研究官の調査によれば、「ルーズベルト陰謀論」の発信源は米国で、ニューヨークの「デーリー・ニューズ」紙のワシントン駐在記者、ジョン・オドンネルが一九五一年五月十七日付紙面に書いた暴露記事が発端だった。（「ゾルゲ諜報団と日米開戦」、「NIDSコメンタリー」、二〇二二年十二月十五日）

記事は、GHQが押収した諜報団の捜査資料の中に、未公開のゾルゲ告白文があり、その中でゾルゲは一九四一年十月、日本は六十日以内に真珠湾攻撃を行う計画を持っているとモスクワに報告。ソ連指導部はそれをワシントンに伝達し、ルーズベルトやマーシャル参謀総長ら米軍トップに知らされたとしている。

この文書は陸軍省が保管しているというが、オドンネル記者以外に見た者はいない。

ゾルゲが四一年に日米交渉の行方を追っていたことは事実だ。日米交渉は、日本が七月、インドシナに派兵してサイゴンを無血占領したことに米側が激怒し、資産凍結や石油全面禁輸に踏み切ったことで暗礁に乗り上げた。

九月十四日のゾルゲの電報は、「外務省の白鳥はオット大使に、アメリカとの交渉は、続けても得られるものは何もないことを国民や支配層、資本家に証明する試みと考えるべきだと語った。日米交渉が不調に終わるなら、日本はかなり近いうちに南方へ進出する」と日米交渉が決裂に近いことを伝えた。

豊田外相が秘策として用意していた近衛訪米による日米首脳会談開催構想も吹き飛んだ。九月六日の御前会議は交渉期限を十月上旬に設定し、要求が受け入れられない場合、米英への開戦方針を決定した。昭和天皇は外交による解決を求めたが、十月の東条内閣誕生、十一月の「ハル・ノート」の提示で開戦に近づいた。

ゾルゲは十月三日、尾崎の情報を基にモスクワに報告した。

「日米交渉は決定的な段階に入った。近衛は中国駐留軍の大幅削減、インドシナ駐留部隊の大部分の撤退についてある程度楽観的だ。もしアメリカが十月中旬までに妥協しない場合、日本はタイ、シンガポール、マレー、スマトラに進撃するだろう。ボルネオを攻撃する計画はないが、日本はスマトラの防衛力がボルネオより弱く、石油資源も豊富とみている。南方進撃は日米交渉が決裂した場合に限られる」

十月中旬までに米側の譲歩がなければ、南方に進撃するということの報告は、対米開戦を決意した九月六日の御前会議での「帝国国策遂行要領」を察知したことを意味する。

この時点でも、近衛周辺は日米交渉妥結に最後の期待をかけたが、軍部が中国やインドシナからの撤収に応じるはずもなく、近衛内閣は十月十八日総辞職し、東条内閣が発足する。

日本に強硬なハル・ノートについては、原案作成に当たったハリー・ホワイト財務長官特別補佐官に対するソ連スパイの働き掛けがあったことが判明している。(須藤眞志『ハル・ノートを書いた男』)

同書によれば、NKVDの工作員「パブロフ」は四一年五月にホワイトと面会し、満州からの日本軍撤退を盛り込むよう主張した。財務長官の試案は、中国、インドシナからの全面撤退に加え、警察力を残して日本の全満州からの撤退を要求、米国は引き換えに在米資産凍結の解除や日本の原材料確保に協力するという内容だった。

米国の死活的利益ではない満州に関する項目は、その後の国務省案で削除されたが、ソ連は日本の対ソ参戦を回避するため、関東軍撤退に向けた対米工作を進め、妥協の余地がないハル・ノート作成に一定の影響力を行使したようだ。

日米交渉に関する十月三日の報告は、ゾルゲ機関最後の電報の一つだが、実はゾルゲの自宅から、送信されていない電文原稿が捜査当局によって押収されていた。近年公開された太田耐造元検事の保存文書に、「ゾルゲ宅捜索の結果発見したるもの（未発信原稿）」があり、『ゾルゲ事件史料集成――太田耐造関係文書』に収録されている。

「各種の日本当局から得た情報によれば、十月十五日または十六日頃までに、日本の交渉開始申し入れに対して米側から何らかの満足すべき回答が到着しない場合、近衛内閣は総辞職か改造に至るだろう。総辞職にしても、内閣改造にしても、それは近い将来、すなわち今月か来月にも米国と開戦することを意味する。（中略）とにかく、対米問題と南進問題の方が、北方の問題よりもはるかに重大だ」

この文書から、ゾルゲは驚くほど正確に日本の国策を分析し、日米開戦は不可避とみていたことが分かった。

だが、攻撃目標が真珠湾であることまで突き止めたとは思えない。山本五十六連合艦隊司令長官は四一年一月、対米開戦の場合、初頭に航空母艦部隊のハワイ攻撃を主張し、連合艦隊幹部の賛同を得て九月に図上演習を行ったが、すべては極秘裏に進められた。

清水によれば、海軍統帥部が真珠湾攻撃に同意したのは、ゾルゲが逮捕された翌日の十月十九日で、真珠湾攻撃情報をゾルゲがソ連に通報することは考えられないという。

しかし清水は、ゾルゲ機関検挙、近衛内閣瓦解、東条内閣発足、海軍最高首脳のハワイ奇襲作戦決裁は一連の関連する出来事であり、「日米開戦に向けて、巨大な歯車が動き始めていた」としている。（「ゾルゲ諜報団と日米開戦」）

未発信の最後の電報

この頃になると、ゾルゲらは官憲の尾行や監視を察知し、破局が近いという予感を抱き始めた。クラウゼンも予審調書で、「逮捕の以前から、検挙される時期が近づいたのを予感していた」と話した。尾崎も七月頃から表情が険しくなり、いつもの明るさが消え、逮捕を恐れるようになったと、諜報団の一員、川合貞吉が回想している。しかし、メンバーは以前より頻繁に、ゾルゲの家などで会っていた。

十月四日はゾルゲの四十六歳の誕生日で、ゾルゲは夕刻、石井花子を銀座のドイツ・レストラン「ローマイヤ」に誘った。

国民生活は一段と窮屈になり、米の配給制が敷かれ、「贅沢は敵だ」「スパイに警戒を」といったスローガンが巷にあふれた。社会全体が重苦しい雰囲気に包まれた。

石井の著書『人間ゾルゲ』によれば、ゾルゲはレストランに入ると周囲を見回して、中央のテーブルに腰をおろし、「きょうたくさんポリスいます。あなた恐い？」「あなたの家ポリス来ましたか？」などと尋ねた。また、「日本、ドイツと同じ、アウゲンブリック・クリーク（電撃戦）やるでしょう」と話したという。事実なら、ゾルゲは日本の対米奇襲攻撃を予感していたことになる。

ゾルゲは石井に自宅に戻るよう言い、二人は早めに食事を切り上げて手を握って別れ、ゾルゲは夕闇迫る銀座に消えた。石井が初めてゾルゲに出会ったのは六年前のこの日だったが、ゾルゲを見たのはこれが最後となった。

生前の石井にインタビューした英国人ジャーナリストのワイマントによると、九月ごろゾルゲは彼女の手に二千円を無理やり握らせたという。「当時としてはかなりの大金である。彼にすれば、これは二人の別れを前提にした行為だった」（『ゾルゲ―引裂かれたスパイ』）

在京軍情報部のグシェンコは九月一日付で、「ゾルゲに千五百米ドルと四千五百円を渡した」とモスクワに報告した。ドイツ軍侵攻を当てたことで、ゾルゲ機関の資金が増額され、ゾルゲはその一部を石井に手渡したようだ。

ゾルゲと石井が最後の晩餐を取っていた頃、クラウゼンはブケリッチの自宅で電報をモスクワに送信した。

ゾルゲ機関最後の電報は十月三日付が二本、四日付が一本だったが、四日にまとめて送ったとみられる。三日付は、先に記載した日米交渉の電報のほか、「今年は独ソ戦への参戦がないことから、少数の部隊が日本へ戻された。第一四師団の一個連隊は宇都宮地区にとどまった。（中略）日本が華北から満州へと部隊を移動させなかったことも分かった」と、北進のないことを確認する電文だった。

四日付の電報は、「ソ連攻撃準備を進めていた最初の数週間に、関東軍司令部はシベリア鉄道に沿って軍事交通手段を設置するため、三千人の鉄道員の召集を命じたが、既に取り消された。それはすべて、今年は戦争がないことを示している」という内容だった。

ただ、クラウゼンは検察の尋問で、十月四日に六本の電報を送ったと証言しており、まだ公開されていない電報があるかもしれない。

クラウゼンは摘発される二日前の十月十六日、ゾルゲの自宅でかなりの電報原稿を渡されたが、「この電報を送るのは少し早いので、ひとまず預かってもらいたい」と言って返したという。その電報の一つが、『太田耐造関係文書』に収録されている。

「われわれ（ゾルゲとクラウゼン）は深甚なる同情をもってソ連がドイツに対して英雄的に戦っていることを注視しており、何らの利益も重要性もないこの場所にいることを非常に遺憾に思う。（中略）われわれは仕事に慣れているので、出国してあなたの下に行くか、あるいは新しい仕事を始めるためにドイツへ行くか、いずれでも遂行することができる。返事を待つ」

日本での情報任務は既にやり遂げ、官憲の追及が迫る中、帰国か新天地への異動を直訴したものだ。しかし、ゾルゲらの出国はかなわなかった。

第五章　それからのゾルゲ事件

東京・多磨霊園のゾルゲの墓

一網打尽にされたゾルゲ機関

ゾルゲ・グループの摘発は、アメリカ共産党人脈の捜査が発端になり、一九四一年十月十日、まず宮城与徳が六本木の下宿にいたところを警視庁特別高等警察（特高）に逮捕された。容疑は治安維持法、軍機保護法、国防保安法などの違反行為で、他の逮捕者も同様だった。

特高は三〇年代から、米連邦捜査局（ＦＢＩ）から得た資料を基に宮城をマークしていたが、宮城の情報収集に協力していた和歌山県在住の北林トモが、尋問で宮城の名を出したことが決定打になった。

逮捕された宮城は動揺し、翌日築地警察署の二階の窓から飛び降りて自殺を図ったが、死ぬことはなく、逆にこのショックから一気に供述を始めた。ゾルゲや尾崎、近衛側近らの名が出てスケールの大きさに仰天した特高は上層部に報告し、東京地裁の吉河光貞検事が捜査の陣頭指揮を執った。

宮城の供述に基づき、十五日に尾崎が目黒区の自宅で逮捕され、目黒署で取り調べを受けた。尾崎は否定したが、宮城の供述を突きつけられ、同日夜には自供を始めた。

ゾルゲ、クラウゼン、ブケリッチの三人は十八日土曜日の早朝、自宅にいたところを一斉に逮捕された。

　検挙者は西園寺公一、犬養健ら三十五人に上り、数百人が取り調べを受けるなど、空前のスパイ疑獄に発展した。

　ゾルゲは巣鴨拘置所に身柄を移され、特高外事課の大橋秀雄警部補の取り調べに対し、「私はナチスだ」「オット大使を呼んでくれ」と全面否認した。しかし、先に自供したクラウゼンの供述や家宅捜索で押収した暗号電報など証拠を突きつけられると、二十五日に陥落した。

宮城与徳

　吉河検事はその時の模様をこう述べた。
「ゾルゲは紙と鉛筆を要求し、ドイツ語で自分は一九二五年以来、コミンテルンの一員であったと書くと、不意に泣き出して机に突っ伏した。もうすっかり観念していた。やがてその紙を丸めて放り投げると、立ち上がって部屋を行きつ戻りつした。『負けた。初めて負けた！』と彼は叫んだ。それはまさにドラマのひと齣だった。ほかの検事たちも駆けつけてそれを見守った。やがて彼は静かになった」（ワイマントのインタビュー、『ゾルゲ――引裂かれたスパイ』）

ドイツ大使館には十八日午後、外務省からゾルゲ逮捕の短い通報があった。オット大使はあり得ないことだと怒りまくり、当局に釈放を要求した。

オットがゾルゲに面会したのは罪を認めた数日後だった。ゾルゲは「大使には会いたくない」と断ったが、吉河は「友人として別れを告げるべきだ」と説得した。

オットが館員を連れて拘置所の会議室に入ると、手錠をかけられ、頭に竹のかごをかぶせられたゾルゲが入ってきた。

吉河によれば、オットが「体調はどうか」と尋ねると、ゾルゲは「元気です」と答えた。「何かほしいものはないか」と言うと、「何もありません」。「何か言いたいことはないか」と尋ねると、ゾルゲはしばらく沈黙した後、「大使、これでお別れです」と低い声で言った。

「オットの顔は急に青ざめ、弱々しくなった。二人の友情に劇的なクライマックスをもたらした」と吉河は回想している。

ゾルゲと尾崎らの獄中手記、尋問供述記録、裁判資料、判決文、証拠物件など膨大な資料が『現代史資料　ゾルゲ事件』全四巻に収録されており、戦時下でも詳細な取り調べが行われたことが分かる。しかし、摘発に至る特高の捜査資料は見つかっていない。東京空襲で焼失したとされるが、警察が敗戦時に証拠隠滅を図るため燃やした可能性がある。

ただ、捜査の一端を記した意外な内部文書のコピーがロシア側から出てきた。ゾルゲ事件を捜査した特高捜査員に褒賞を与えるための内務省警保局への上申書がロシア語に翻訳され、ロシアの公文書館に保管されていたのだ。ソ連軍が四五年八月、満州を占領した後、関東軍憲兵隊から押収した資料だという。ロシアの研究者、ウラジーミル・トマロフスキーが入手し、二〇〇〇年にモスクワで開かれた第二回ゾルゲ事件日露シンポジウムで日本側に提供した。

特高警察の資料を満州の陸軍憲兵隊が保管していた経緯は不明だが、上申書は、ゾルゲ事件摘発に貢献した捜査員十人に褒賞を与えるよう警保局長らに要請し、十人の略歴や捜査内容を明記している。シンポジウムを統括した白井久也日露歴史研究センター代表らが翻訳し、『国際スパイ　ゾルゲの世界戦争と革命』に掲載した。

上申書によると、特高はゾルゲ事件で四〇年六月二十七日に摘発を開始し、四一年九月二十七日から四二年六月にかけて容疑者を逮捕した。最初に摘発されたのは、北林トモの姪で、労働運動に関与した青柳喜久代だった。青柳は無関係だったが、彼女が言及した北林の行動を一年間洗い、四一年九月に逮捕。北林が「宮城はスパイ」と言及したため、捜査が一気に進展した。

北林はロサンゼルス郊外で農業を営む夫と写真結婚して移住。宮城と知り合い、一時米国共産党に入党した。三六年に単身帰国し、宮城の要請を受け、東京で働きながら情報収集を手伝った。三九年から夫の郷里の和歌山県で裁縫を教え、日本軍の防空情報や米の配給情報を調べて提供したという。

米国共産党員の宮城をゾルゲの助手として日本に送り込んだのは、コミンテルンとソ連軍情報機関だった。非合法工作員は共産党員に接近してはならないという不文律を、本部自ら破ったことが命取りとなった。

警察が尾行したソ連大使館員との接触、クラウゼンの無線発信の傍受、メンバーの監視などが摘発にどうつながったかは分かっていない。

尾崎逮捕で開戦内閣へ?

近衛内閣が総辞職したのは十月十六日で、ゾルゲらが逮捕された十月十八日、東条英機陸相が組閣して開戦内閣が誕生した。昭和史研究家の保阪正康は、「大胆な仮説」として、第三次近衛内閣はゾルゲ事件によって脅かされ、内閣を投げ出したのではなかったかと推測している。陸軍が、首相ブレーンの尾崎はソ連のスパイという事実を近衛に突きつけ、退陣に追い込んだという見立てだ。(『昭和史　七つの謎　Part2』)

保阪は、「私の仮説が事実として検証されたならば、ゾルゲ事件はゾルゲや国際共産主義運動とはまったく別の国内での政治闘争の意味を帯びてくる。つまりゾルゲ事件は国際的にはスパイ事件、国内的には軍事的クーデター、あるいは巧妙な軍事政権誕生のトリックだったという理解ができる」と書いている。これは、従来のゾルゲ事件研究で重視されなかった視点だ。

第三次近衛内閣では、米国との外交交渉が進展しない中、十月に入ると近衛と東条の対立が日増しに激化した。

天皇の意を受けた近衛があくまで外交交渉による決着を求めたのに対し、陸軍省や参謀本部は開戦を主張し、東条はその意見を代弁した。近衛と東条は連日、閣議の場や直接会って、激しく言い争ったとされる。

その過程で、尾崎の逮捕情報を摑んだ東条が、あなたの周辺にスパイの網の目が出来上がっていると脅し、近衛を退陣に追い込んだ可能性がある、と保阪は指摘する。

保阪によれば、戦前史を暴いていた新聞記者の森正蔵も一九四六年の著書で、尾崎逮捕の直後に近衛内閣が倒れたことについて、「日米開戦に導こうとする軍国主義者達のうった手と見られないだろうか」と書いている。

ただ、近衛が閣内不一致から辞意を固めたのは十月十五日で、その日周囲に辞意を伝えた。十四日には辞める方向に傾いていたとの証言もある。尾崎の逮捕は十五日朝、自供は同日夜で、近衛は尾崎の自供前に退陣を決断していたことになる。

この点で、渡部富哉は資料調査で、「十月十五日尾崎逮捕」という定説は誤りで、実際には尾崎は十四日に勾留されたと主張した。（メディア・ネット「ちきゅう座」など）

渡部によれば、戦後GHQが押収し、その後日本に返還された内務省関係資料の中に、特高警察がゾルゲ事件で記録した資料があり、十月二十日付の「検挙人旬報」は尾崎の項目で、十月十四日に「勾引」、十五日に「勾留」と書かれている。

渡部は、戦前の特高は「勾引」と「勾留（検挙）」を使い分けており、勾引とは「ちょっと署まで来てもらおうか」という連行に当たると指摘した。

また、渡部が入手した戦時中の内務省内部資料「最近における共産主義運動検挙秘録」（四三年三月刊行）は、現場指揮を執った宮下弘特高一課第二係長の体験発表を収録し、宮下はこう述べている。

「宮城を検挙したのは十月十日で完全な自白が十二日。すぐ次の検挙対策となるが、巨頭のゾルゲはドイツ大使館に出入りし、大使の信頼は非常に厚い。私設秘書と称して大使館に席も持っている。これを抜かれることが大使館としては非常な打撃であることは、警視庁外事課の平素の視察で分かっていた。直ちにソ連のスパイとして検挙することは躊躇せざるを得なかった。そこでまず尾崎を検挙しよう。宮城と尾崎の供述がぴったり合えば、これはもう間違いない。尾崎を検挙したら即日自白させることを決めて、十四日の早朝、尾崎を検挙して直ちに取り調べに当たった」

ロシアで発見された特高の褒賞上申書も、宮下の項目で、「尾崎が四一年十月十四日に逮捕されるやいなや、直ちに取り調べ……」と書かれている。尾崎が十四日朝拘束されたなら、陸軍上層部に伝わり、近衛に責任を問う時間的余裕が出てくる。ゾルゲ事件摘発が、日米開戦を加速させたとの仮説も成り立ち得る。
ただ、尾崎は獄中手記で「私は昭和十六年十月十五日の朝検挙せられ……」と書いている。尾崎の妻英子も獄中書簡集『愛情はふる星のごとく』のあとがきで、「尾崎は十月十五日に逮捕された」と書いた。戦後刊行された同書に圧力をかける者はいない。
尾崎の逮捕日もゾルゲ事件をめぐる謎の一つだが、加藤哲郎は「近衛内閣崩壊・東条内閣成立の流れは、ゾルゲ事件の捜査とは関係なく、日米交渉と決定的にかかわっていた。近衛が日米交渉を進められなくなって内閣を投げ出したのが、多くの専門家の通説。近衛辞任後、東久邇宮稔彦の皇室内閣を組閣する動きが一時あり、東久邇宮が拒否したため、日米交渉を続けるために火中の栗を拾い、東条に要請した流れがある」とし、保阪らの仮説は「歴史学的には論証されていない陰謀論」と指摘した。（明治大学での講演、二〇二三年五月十三日）
確かに、ゾルゲ事件は内務省や特高警察の外事案件の扱いで、当初は大がかりな国際スパイ事件という認識はなかった。十月十五日に近衛が辞意を表明した後、近衛と東条はいったんリベラル派皇族で軍人の東久邇宮擁立で一致したが、木戸幸一内大臣の反対などでつぶれた。尾崎逮捕が東条内閣につながったとの説には、資料的裏付けが必要になる。

一方、捜査の過程で近衛の関与も疑われたが、総辞職と日米開戦でうやむやになり、不問に付された。

ソ連もゾルゲ逮捕に大慌て

ゾルゲ機関の摘発は秘密裏に進められ、日本側はソ連にも通報しなかった。このため、ソ連大使館やモスクワの本部は大混乱したようだ。

グシェンコ武官は十月三十日、本部に電報を送っており、これが逮捕の第一報だった。

「当地で得た情報によると、五日前にゾルゲとブケリッチがスパイ容疑で逮捕された。まだ誰にも知られていない。情報を確かめている。

十月二十九日にクラウゼンと会ったが、彼は『ゾルゲとは長い間会っていない。どこにいるのかも知らない』と言った。逮捕がわれわれの任務と無関係であったとしても、ブケリッチが諜報団のことを暴露してしまう恐れがある」

クラウゼンは十八日に逮捕されており、連絡員がクラウゼンと面会することはあり得ない。実は会ったのは、クラウゼンの妻アンナで、特高は様子を見守るため、彼女をしばらく泳がせていた。

この時はソ連大使館領事部員を隠れ蓑にする工作員、ミハイル・イワノフがクラウゼン宅を訪れていたことが、フェシュンのイワノフからの聞き取り調査で判明している。

それによると、イワノフが夜、広尾のクラウゼン宅を突然訪れ、英語で話しかけると、アンナは英語で「出て行って。ここで大きな不幸があった」と叫び、イワノフはすぐ退散した。自宅を見張っていた数人の警官はこの時食事に出ていて、発覚しなかったという。イワノフは初めて見る人物で、アンナも一瞬戸惑ったが、「訛りの強い英語と、膝に継ぎをあてただぶだぶのズボン」でソ連人とすぐ分かったという。

逮捕を伝える電報に対し、軍情報機関トップのイリイチョフは担当の第四部長に、資料を集めて報告するよう指示した。

在京諜報部はその後も本部へ電報を送ったが、情報が錯綜し、誤報が多かった。

「ゾルゲはスパイ行為で逮捕されたが、われわれのためではないようだ。ブケリッチとさらに二名のエージェントも逮捕された。最初の情報は、インド人の特派員、イカ・チョク

リハムからもたらされた」（十一月五日）

「ゾルゲは十一月十一日に拘置所でピストル自殺した。これは、尋問中に射殺されたと考えるべきだ。クラウゼンも逮捕され、自宅から現金と無線機が押収された。ブケリッチも拘置所におり、政界の噂話などを書いた彼の日記が発見された。この情報は、アイダの夫で防諜機関に関係を持つ将校から入手した」（十一月十三日）

「ゾルゲは十一月十一日に拘置所で自殺したことが判明した。クラウゼンもゾルゲとの関連で逮捕された」（十一月十八日）

「ドイツのオット大使は日本側にゾルゲの釈放を何度も頼んだが、回答は得られていない。ゾルゲは拷問を受けたものの、生きているとの噂がある」（十一月十九日）

これらの報告にはミハイル・イワノフの署名があり、彼が情報収集に奔走したようだ。「アイダ」という、日本の情報機関に近い将校の夫を持つ女性エージェントを抱えていたことも分かる。捜査を通じて、ゾルゲへの拷問はなかった。

十二月八日の日米開戦後も、イワノフは戦時下の東京から本部に情報を送り続けた。

「ゾルゲ事件に関連して日本人二十人が逮捕された。ゾルゲはソ連のために働いたと公然と言われている。事件はドイツ大使オットを窮地に追い込んだ。オットに対する日本人の態度が悪化し、オットは天皇への謁見を拒否された。ゲシュタポ（独秘密警察）が日本の防諜機関に共同捜査を提案したが、日本側は拒否した」（四二年一月五日）

「ドイツの情報筋は、ゾルゲが死んだと述べた。クラウゼンに続いて彼の妻も逮捕された」（一月三十日）

「ドイツ大使館の情報によれば、ゾルゲとクラウゼンはソ連のためにスパイ活動をしたとして終身刑を宣告された。ゾルゲが自殺したとの噂は、オット大使がゾルゲの引き渡しを要求したため、日本側が意図的に流したようだ」（三月四日）

情報源にドイツ関係者が登場するが、独ソが激戦を続ける中、ソ連外交官がドイツ人に接触することはあり得ない。この情報源こそ、軍情報本部がドイツ大使館に潜入させたという女スパイ「イリアダ」だろう。

イワノフは三月四日の電報で、ゾルゲ機関摘発に至る独自取材を報告し、「クラウゼンの妻は、夫が毎日のように郊外の別荘に通っていると外部の人たちに話していた。捜査当局がクラウゼン不在時に別荘を捜索すると、短波無線機や現金が発見された」とし、クラウゼンへの監視から発覚した疑いがあると伝えた。

ゾルゲ機関との連絡役だった大使館の「セルゲイ」ことザイツェフは、事件発覚で帰国を命じられ、四二年三月に始末書のような報告を書かされた。

「私は一九四〇年八月に日本に来た。ゾルゲ機関と関係を持ったが、前任者と引き継ぎができず、クラウゼンと合言葉を使わずに連絡を取った。最初に会ったのは銀座のすき焼き屋で、クラウゼンはスパイと認めるのを嫌がった。彼は車で明治公園へ行こうと言った。その道中、彼はゾルゲに関する様々な質問をし、私はそれに答えた。公園に着くとようやく信用し、資料と金を交換した。二度目は新橋のすき焼き店、それ以降は新橋駅近くの彼のオフィスで会った。

彼と会う時は、指定された時間の二、三時間前に出掛け、交通手段を変えて尾行がないか入念にチェックした。やがて、この機関は見破られており、最大限の慎重さが必要であることに気づいた」

公開文書の中には、NKVDのフィチン第一総局長がゾルゲの逮捕を察知し、四二年一月十四日付でコミンテルンのディミトロフ議長にゾルゲの経歴を問い合わせる書簡があった。NKVDと軍情報本部は別組織であり、ゾルゲの存在は他の情報機関に知られていなかった。

司法省が「国際諜報団を検挙、首謀者ら五人起訴」とゾルゲ事件を公表したのは四二年五月十六日で、日本側はその直前、ソ連大使館に初めて事件の概要を伝達した。

妻カーチャの悲劇

ゾルゲの逮捕から約一年後の一九四二年九月、モスクワに住むゾルゲの妻、エカテリーナ(カーチャ)・マクシモワが秘密警察・NKVDにスパイ容疑で逮捕された。ゾルゲの名誉回復後、カーチャに宛てた手紙が公開され、二人の悲恋が美談になったが、実際には、彼女の逮捕はゾルゲ事件とは無関係だった。

公開されたカーチャの捜査資料によると、一九〇四年生まれでゾルゲより九歳若いカーチャは、父がロシア人、母はドイツ人のハーフで、ドイツ語が多少話せた。独ソ戦とともに、秘密警察のドイツ人狩りが進み、ドイツ系の彼女の従妹が捕まり、尋問でカーチャの名を出したことから逮捕された。カーチャは軍需工場で働いていたが、家宅捜索で多額の現金やゾルゲが外国から送った高級品が発見され、「身の丈にそぐわない生活」から捜査が本格化した。

カーチャは尋問で、一度結婚し夫と死別したこと、舞台俳優を目指していたこと、列車で知り合ったコミンテルンで働くドイツ人、ゴットフリートからゾルゲを紹介され、ロシア語を教えて親しくなったことを告白した。ゾルゲについて、「私は三三年から三五年まで一緒に暮らしたが、この間夫は海外に長期出張したので、夫のことをほとんど知らない」などと供述した。

ゾルゲ夫人のエカテリーナ（カーチャ）・マクシモワ

捜査員らは、ゾルゲとカーチャがドイツのスパイではと色めき立ち、そのシナリオで捜査を進めた。

カーチャはスパイ容疑を否認したが、当時の秘密警察の尋問は拷問も含めた厳しいもので、逮捕から一カ月後、「私はドイツ諜報機関のエージェントだ。ゾルゲとゴットフリートは二人ともドイツのスパイだ。私はゴットフリートの指示で活動した」などと強制自白を強いられた。ゴットフリートは三七年に逮捕され、銃殺されていた。しかし、彼女は最後の尋問で、スパイ自白は強制されたもので、すべて虚偽だと発言を全面撤回している。

捜査陣は重刑を求めたが、NKVDの上層部はカーチャが軍情報機関員の妻であることを確認し、処分が行き詰まった。結局、四三年三月、NKVD特別委員会で有罪判決を受け、五年の流刑が確定、クラスノヤルスク地方の村に移送された。当時の刑法は、被告の自白だけで有罪判決が可能だった。

収監中から体調を崩していたカーチャは移送先ですぐ地元の病院に入院し、四三年七月、呼吸器系疾患による脳卒中で死亡したと記録されている。それから約二十年後の六四年十一月、ゾルゲの復権に伴い、カーチャも名誉を回復した。

二人が一緒に暮らした期間は半年に満たないが、ゾルゲが送った十数通の手紙から、ゾルゲにとってカーチャが心のよりどころだったことが分かる。

三五年の一時帰国時にカーチャが妊娠したことを手紙で知ったゾルゲは、「遂にうれしい知らせを受け取った。（中略）もし女の子なら、あなたの名前を付けねばならない。男の子ならまた考えよう。子供への荷物を送る」と書いた。流産を知ると、「とても悲しく、冬の手紙のようだ」と書き、「君のことをもっと詳しく書いてくれ」と頼んだ。毎回のように「帰国したら、長い不在を愛で埋め合わせする」「この正月を別れて暮らす最後の正月にしたい」などと帰国の意思を伝えている。

二人の手紙は連絡員を通じてやりとりされたが、三九年頃から届かなくなった。カーチャが死んだ時、ゾルゲは獄中にいて知る由もなかった。

ゾルゲはドイツ語の手紙で、自分がどこにいるかは明かさずに厳しい生活を告白し、「そちらの冬は、少なくとも見た目には美しい。ここでは冬と言ったら、雨とじめじめした寒さです。住居も役に立たず、ほとんど戸外に住んでいるのも同然です」「この国の夏ときたら、とても耐えがたいものであり、絶え間なく緊張を強いられる仕事の下では、ことのほかこたえる」「あなたなしでの、このひどい場所での生活は呪わしいばかりです」とつづっている。

ゾルゲは世相も暗かった戦前の東京にうんざりし、決して親日家ではなかったようだ。

ゾルゲの女性関係は多彩で、関係を持った女性は石井花子、大使夫人のヘルマ・オット、四一年に公演のため来日したドイツ人チェンバロ奏者のエタ・シュナイダーらが知られる。尋問記録に女性関係が書かれていないのは、ゾルゲが石井ら交際のあった女性を守るため、追及しないよう検察側と取引をしたためといわれる。

ゾルゲは検事らに「女性は知的水準が低く、政治情報を得る相手にはならない」とうそぶいていたという。

スターリンはゾルゲに無関心

警察と検察によるゾルゲ事件の取り調べは一九四二年三月まで続き、司法省が五月十六日、事件を公表した。それ以降、終戦まで情報公開はなかった。

裁判は四三年五月に初公判が行われ、一審は九月、ゾルゲと尾崎に国防保安法違反などで死刑判決を言い渡した。二人は上申書を提出したが、四四年四月までに大審院が上告を棄却し、二人の死刑が確定した。

この間、ゾルゲは巣鴨拘置所の三畳の独房で体を鍛えながら、洗面台をテーブルにして手記のタイプを打ち続けた。飲酒ができず、精神状態は安定したと思われ、日本語も上達したようだ。

拘置所は、自宅から押収された現金一千円と千八百ドルを使うことを許可し、ゾルゲは毎日高価な五円の仕出し弁当を購入、薄給の警官が買う五十銭か一円の弁当とは破格の差だったと大橋秀雄元警視正が著書『ゾルゲとの約束を果たす』に書いている。取り調べに入る前、英語通訳を介して新聞のニュースを読み上げる紳士協定があった。
大橋は捜査に親切かつ丁重に向き合い、捜査終了時にゾルゲから手書きの感謝状を貰った。気心の通じた大橋が尋問を終えて提出した意見書で、「相当の刑を」と進言すると、外事課長が「極刑に処すべし」と書き直したと回顧している。尾崎は読書や家族への手紙に没頭していた。
ゾルゲが逮捕後、活動の全容を告白したことにはロシアでも批判がある。長年海外で秘密工作に携わったKGBの元幹部、パベル・スドプラトフは生前、「私はゾルゲの尋問調書を読んで驚いた。なぜこれほど正確な告白をする必要があったのか。スパイにとって監獄は戦場でもある。それは、摘発の際にどう振る舞うかを指導していなかった彼の指導部に責任がある。あるいは、彼は自分が見捨てられたと感じたのかもしれない」と語っている。（『ゾルゲ・ファイル』解説）
もっとも、スドプラトフ自身もソ連崩壊後、米国人記者の協力を得て、KGBの秘密活動を詳細に暴露する著書（邦訳『KGB　衝撃の秘密工作　上・下』、ほるぷ出版）を刊行した。

ゾルゲは逮捕後も、ソ連側が身柄交換に乗り出して釈放される希望を捨てていなかったといわれる。米英との戦争が激化する中、ソ連は中立条約を維持し、日本にとってソ連の価値が高まった。上海時代、自らが奔走したコミンテルン幹部、ヌーラン夫妻の釈放工作も頭をよぎったかもしれない。

大橋によると、ゾルゲは通訳のいない時、「ラムゼイが東京拘置所に捕まっているとソ連大使館のザイツェフに知らせてくれ」と大橋に頼んだが、大橋は断った。ゾルゲはまた、外務人民委員部（外務省）次官に就任していた元コミンテルン幹部の旧友、ソロモン・ロゾフスキーがモスクワの日本大使館に接触することを期待していたという。

だが、日本側がゾルゲと日本人捕虜の交換釈放を打診しても、ソ連大使館は「ソ連はこの人物とは無関係だ」として一蹴した。

GRUに勤務したセルゲイ・コンドラショフ退役中将は二〇〇〇年にモスクワで開かれた国際シンポジウムで、日本側の交換釈放提案を拒否したのは、GRUのイリイチョフ長官だと指摘した。イリイチョフは四二年から四五年までトップを務めたが、提案の拒否にスターリンらの意向が働いたかどうかは明らかでない。

ソ連大使館でゾルゲ事件の処理に当たったイワノフは生前、「ゾルゲを救うことは可能だったのかとよく聞かれる。私の意見はダー（イエス）だ。ソ連の諜報員が米英独と交換釈放されたケースもある。死刑執行の前日もその可能性があった。（中略）しかし、仮に釈放されて帰国しても、ソ連で抹殺されていただろう」と話していた。（『あなたに忠実なラムゼイ　下巻』）

「前日」とは、四四年十一月六日夜、在京ソ連大使館で行われたマリク大使主催の革命記念レセプションを意味し、重光葵外相が出席して大使に、翌日ゾルゲの処刑が執行されることを示唆したという。しかし、大使のそばにいたイワノフによれば、マリクは、「日ソ両国は日露戦争以外に一度も戦火を交えたことがない」などと両国の友好を大げさに強調して乾杯し、ゾルゲへの言及を避け続けた。

イワノフは「われわれが反応していれば、ゾルゲの処刑は回避されたかもしれないが、大使はゾルゲに触れないようモロトフ外相から指示を受けていたようだ」としている。スターリンは捕虜を裏切り者とみなし、個人の運命には何の関心もなかった。

スターリンはこの日、モスクワでの革命祝賀演説で、目前に迫った対独戦の勝利を誇示するとともに、日本を初めて「侵略国家」と決めつけて対決姿勢を示し、四五年八月九日の対日参戦に布石を打った。

翌十一月七日早朝、ゾルゲと尾崎の絞首刑が執行された。首に縄をかけられたゾルゲは、大きな声で、「赤軍、国際共産党、ソ連共産党」と日本語で発して消えていった。

決死の広島・長崎行

やがて戦局は悪化し、日本の敗色がますます濃厚になった。米軍の空襲が激化し、ソ連大使館にも焼夷弾の火が燃え移った。

一九四五年八月、広島、長崎に原爆が投下されると、クレムリンは在京ソ連軍諜報部に対し、現地を視察して被害状況を調査するよう命じた。ソ連がまだ保有していない原爆の威力解明に躍起になったスターリン直々の指令だった。日ソ両国は八月九日のソ連軍対日参戦に伴い国交を断絶したが、大使館員はまだ残っていた。

この危険な任務を命じられたのが、日本語を操るミハイル・イワノフとゲルマン・セルゲーエフ駐在武官補佐官だった。米国が現地調査を開始したのは同年九月八日以降で、ソ連の秘密調査が最も早かった。

二人の視察について、KGB大佐出身のアレクセイ・キリチェンコ東洋学研究所主任研究員がイワノフから聞き取り、「フォーサイト」誌(二〇〇五年九月号)に寄稿している。

それによると、二人は広島への原爆投下から十日後、玉音放送翌日の八月十六日、運行していた列車で広島のかつて駅だった場所にたどり着いた。広島駅はひどい混乱状態で、あたり一面に焼けた車両や機関車の残骸、曲がったレールが散乱していた。駅舎の壁が一枚だけ残り、壁沿いに掘っ立て小屋を建て、臨時の事務所にしていた。

満州や樺太で日ソ戦が続いていたが、公安要員らしい駅員が近づいてきたので、ソ連外交官は自己紹介し、街を視察したいと申し出た。駅員は「恐ろしい伝染病が市内で発生している」と視察をやめるよう言ったが、二人は中心部へ歩き出した。

二人は目の前に広がる惨憺（さんたん）たる光景にあっけにとられた。街はもはやなく、ところどころに崩壊した建物の残骸があり、SF宇宙映画を思わせる巨大な廃墟だった。

二人は、変色し熱で溶けた数個の石や人の手首を拾い上げ、かばんにしまった。写真も撮影したが、どれも同じようなものだった。

せめて生命の兆候を見つけようと川へ向かうと、奇跡的に生き延びた負傷者がいた。全員やけどを負い、髪の毛が抜け落ちた人もいた。モスクワは目撃者の話を聞けと命じたが、二人には質問する勇気はなかった。

夕方の夜行列車に乗り、翌朝、長崎駅の手前で停車した。荷物を駅に預け、視察に出た。

長崎は広島ほどひどくないとはいえ、やはり惨憺たる有様だった。平らになった地域と建物の半壊した地域が交錯していた。

広島の被爆者はソ連外交官に無関心だったが、長崎の住民は人当たりが良かった。市内には難を逃れた人々がおり、ソ連のスパイはいくつかの疑問を解明することができた。生き残った女性教師の話では、耳をつんざくような轟音が鳴り響き、見たこともないような烈風で子供たちは舞い上がり、海の方へ飛ばされた。街全体が一瞬にして燃え上がった。

一夜を過ごせる場所はないかと警官に尋ねると、駅の隣にある役所の一室を提供してくれた。遺体の腐臭、絶え間なく外から聞こえるうめき声、助けを求める叫びに悩まされ、二人は一睡もできなかった。イワノフは「この夜のことは一生忘れない」と回想する。二人は翌朝の一番列車に乗り、無事東京に戻り、スターリンが切望した証拠品と報告書をモスクワに送った。

まもなくセルゲーエフは体調の悪化に気づいた。モスクワへ帰ったが、当時正体不明だった病気、すなわち放射能の被曝により亡くなった。

イワノフも体調不良を覚えたが、仕事が多く、注意を払わなかった。終戦直後の東京で、ゾルゲ事件の後始末にも追われた。クラウゼン夫妻が刑務所から釈放されると、イワノフは彼らに同行してソ連に行き、また東京へ戻った。一九四六年八月に帰国後、陸軍病院に入院し、徹底的な検査を受けた。

その結果、彼を救ったのはウイスキーであるという結論が出た。イワノフは広島と長崎で持参したサントリー・ウイスキーを適量飲んだが、セルゲーエフは飲むのを拒んだ。血液中のアルコールが放射能被曝からの防護壁になったと考えられた。

ソ連・ロシア海軍の原子力潜水艦隊では、適度のアルコール摂取が奨励され、水兵らはそれを「イワノフのグラス」と呼ぶ。しかし、彼らはその由来を知らない。

日ソ関係の裏面史を歩いたイワノフは戦後、日本に再度勤務し、退官後は外交アカデミーなどで教鞭をとり、二〇一四年に百一歳で死去した。

ゾルゲ機関員の運命

日本政府が無条件降伏した後、焼け跡の日本で米国を中心とするＧＨＱの占領統治が始まった。ＧＨＱの指示で政治犯が釈放され、刑務所を出た徳田球一、伊藤律らは日本共産党を再建。日本社会党、自由党も発足し、民主政治が萌芽の兆しを見せた。ゾルゲ事件では十七人に有罪判決が下されたが、受刑囚が十月になって次々に釈放された。

しかし、無期懲役を言い渡され、網走刑務所に移送されたブケリッチは一九四五年一月、体調を悪化させて獄死した。新妻の淑子と幼い長男が残された。

結核を患っていた宮城与徳は四三年八月、未決勾留中に病死した。上海で尾崎の後任役だった同盟通信の船越寿雄（懲役十年）も四五年二月に獄死した。ゾルゲ事件摘発の発端になったとされる北林トモ（懲役五年）は四五年二月、仮釈放後に病死した。

軍事情報を提供した小代好信（懲役十五年）、上海時代からの協力者、川合貞吉（同十年）らは十月に釈放された。川合は戦後、今度はＧＨＱのエージェントになり、報酬をもらって情報を提供した。

尾崎に機密情報を提供した西園寺公一は執行猶予付の刑だったが、公爵家を廃嫡となった。西園寺は五〇年代末から家族と中国に移住し、七〇年に帰国した。中国による事実上の追放だったが、文化大革命を礼賛し、言論人としては相手にされなかった。犬養健は無罪になり、吉田茂内閣で法相を務めた。

ゾルゲ事件関係者で幸せな人生を全うした人は少ないが、ブケリッチと離婚したエディットは四一年九月、息子とともに妹の住むオーストラリアに船で移住し、危うく追及を免れた。離婚後も無線発信に自宅を提供していたエディットはゾルゲに口止め料を要求し、ゾルゲは本部の許可を得て、出発前に五百米ドルを渡した。

中核メンバーで唯一生き残ったクラウゼン（無期懲役）と妻のアンナ（懲役三年）は四五年十月、秋田と栃木の刑務所からそれぞれ釈放された。二人は東京のソ連代表部を訪ねてきた。GRU支部が十月二十四日付で本部に電報を送っている。

「刑務所から釈放されたクラウゼンとアンナがオフィスを訪ね、ゾルゲ事件の顚末を話した。

ゾルゲ、ブケリッチ、クラウゼンは四一年十月十八日、自宅で逮捕された。クラウゼンの逮捕時に電報無線機が押収された。文書を撮影したフィルムをアンナは首尾よく燃やした。尾崎と宮城はその前に逮捕された。宮城が自供した疑いが持たれている。コミンテルンおよびソ連との関係はできる限り否定したという。

ゾルゲは断固として最後まですべてを否定した。日本人の弁護士によると、処刑台に立ったゾルゲは『私のしたことは正しい。既に勝利した。人民の軍隊が来て、悪党たちを粉砕するだろう』と言ったという。

クラウゼンは歩くのがやっとだった。二人は涙を浮かべて、ソ連に行かせてくれと頼んだ。アンナはセルゲイと彼の前任者らを名前で呼んだ。

「金と食料品を渡し、二度とここに来ないよう言った。彼らを長居させることは、あらゆる点からみて好ましくなかった。あなたの指示を待つ」

二人に応対したのがイワノフとみられる。ソ連大使館は国交断絶で閉鎖されたが、九月二日の米戦艦ミズーリ号艦上での降伏文書調印式にソ連代表も参加しており、戦後は東京・丸の内にソ連代表部を置いた。大使館の再開は、五六年の日ソ国交回復まで待たねばならなかった。

電報によれば、スパイが嫌になって率先して自供したクラウゼンは、ソ連側には自白の事実を隠していたようだ。戦後の新時代に入り、GRUは二人を厄介払いしたかったかにみえる。

ゾルゲの交換釈放を拒否したとされるイリイチョフGRU長官はこの報告に、「この人たちは一体何者なのか」と書き込んだ。指示を受けた第十部長は第四部長に対し、「保管文書からゾルゲの資料を取り出し、関係者について報告してほしい」と頼んだ。

軍情報機関の機構改革や人員刷新で、ゾルゲ機関も忘れられつつあった。

クラウゼン夫妻はイワノフの引率で四六年に帰国し、モスクワの本部を訪れて報告した。その後東ドイツに移住し、東ベルリンの造船所人事課などで働いた。二人は仲が良く、アンナは七八年に死亡、クラウゼンは後を追うように翌年死去した。

アレクセーエフによれば、クラウゼンは四六年モスクワで、「ソ連のための私の非合法活動の総括と説明」と題する報告書を書いて本部に提出。その中で意外な事実を明かした。

（『あなたに忠実なラムゼイ　下巻』）

報告書は、「オット大使はゾルゲが反ファシストであることを知っていた。妻のヘルマはゾルゲが共産主義者であることを知っていた」「ヘルマは第一次世界大戦後、左翼思想に魅了され、フランクフルトで一夜、若く、ハンサムな博士と政治を語り、甘いワインを飲み、歌を歌った。それがゾルゲだった」と書いた。二人はその後互いのことを忘れてしまっていたが、「人生は方向が決まっており、二人を東京で引き合わせた」という。

二人は一時期関係を復活させ、オットは一度ゾルゲに怒りを覚えたが、アドバイザーとして必要としたため、知らないふりをしたという。

報告書はゾルゲの女性関係を詳述し、大使の若い女性秘書リリー・ブラウンとも関係を持ち、彼女は自制心を失い、ゾルゲに電話して会いたいと泣いて懇願することもあったと書いた。ゾルゲは、ドイツのシーメンス社支店長夫人やルフトハンザ航空幹部の夫人とも関係を持っていたという。

ゾルゲとクラウゼンは最も頻繁に会い、母国語のドイツ語で話していたため、ゾルゲが気安く女性関係を打ち明けた可能性がある。こうした内容を報告書に書くこと自体、クラウゼンがゾルゲを嫌っていたことが分かる。

報告書によると、体調の悪かったクラウゼンは四四年一月、刑務所の病院に入院したところ、向かいの部屋に日本共産党幹部の伊藤律がいて、よく話したという。満鉄調査部にいた伊藤は、ゾルゲ機関に先立って四一年九月末に逮捕されていた。

クラウゼンはこの中で、「私は今でも、われわれの逮捕は伊藤が原因ではないかと疑っている。伊藤は尾崎と宮城を友人だと話しており、われわれより先に九月に逮捕された。伊藤は私と話す時、神経質になり、話していることを他人に言わないよう頼んだ。彼はいつも、われわれが逮捕された理由を知りたがった」「伊藤は自分で食べ物を買うことができず、空腹だったので、私が分けてやった。彼は善良な人のようだが、検察官の尋問方法は狡猾(こうかつ)で、証言を回避するのは困難だ」と書いた。

戦後流れた伊藤律端緒説について、アレクセーエフは「伊藤はゾルゲ機関とは何の関係もなく、宮城の下での北林の活動を知ることはなかった」とし、伊藤はスケープゴートに利用されたと指摘した。伊藤が尋問で北林の名を出す前から、特高は北林を捜査していたことが判明している。

五〇年、ソ連による日本共産党の平和革命理論批判で共産党が分裂すると、伊藤は徳田らと中国に逃れ、北京機関を設立したが、幽閉状態に置かれた。健康を損ねて八〇年に帰国し、亡くなるまでゾルゲ機関を密告したとの疑惑を否定した。

GHQが事件調査

日本を占領統治したGHQの保守派、ウィロビーG2（参謀第二部）部長はゾルゲ事件に異常な関心を示し、組織を使ってゾルゲ事件を再調査させた。東西冷戦と「赤狩り」が進行する中、ソ連のスパイ工作や陰謀を強調し、冷戦の情報戦に利用しようとした。

ウィロビーは一九四九年、「ゾルゲを首魁とする赤色陰謀団は、世界スパイ史上空前の規模」とする「ウィロビー報告」を発表。その中で、上海でゾルゲの協力者だったスメドレーを「ソ連のスパイ」と非難した。スメドレーは名誉毀損と抗議し、米陸軍は「手違いだった」とスパイ説を撤回した。

スメドレーは五〇年、「赤狩り」の舞台となった米下院非米活動委員会から召喚状を受け、英国に脱出するが、直後に死去し、遺骨は北京の墓地に埋葬された。ソ連崩壊後の文書公開で、コミンテルンから資金援助を受けて欧米向けの対外宣伝活動に従事していたことが判明している。

G2はゾルゲの手記や尋問・捜査記録を大量に英語に翻訳し、生存する関係者を尋問して独自調査を行った。それらの記録はゾルゲ事件関連資料として、米国立公文書館に保管されている。

筆者は九〇年代末に国立公文書館で資料を閲覧したが、この中では、ゾルゲ事件発覚後、事後処理に当たったドイツ大使館のヨーゼフ・マイジンガー参事官への尋問記録が興味深い。マイジンガーはナチスの秘密警察、ゲシュタポで辣腕を振るい、四〇年にポーランドでユダヤ人やポーランド人の大量虐殺を指揮し、「ワルシャワの虐殺者」の異名を取った。四一年四月に警察アタッシェとして在京ドイツ大使館に赴任。在留ドイツ人に恐れられたが、ゾルゲとは飲み友達だった。

マイジンガーは戦後、米軍に逮捕され、尋問を受けた。尋問は、G2傘下の第441対敵諜報部隊（CIC）が担当した。四六年五月二十五日付の尋問記録で、マイジンガーはゾルゲ逮捕後の大使館の状況をこう明かした。

「ゾルゲが逮捕された時、私は上海に出張していたが、オット大使にすぐ呼び戻され、調査とゾルゲの釈放に全力を尽くすよう命じられた。大使はベルリンに事件を報告せず、自力解決しようとした。大使は外務省に、私は警察に何度も釈放を働き掛けたが、拒否された。日本側は大使館の頭越しにベルリンでドイツ政府に通報したようだ。その後、ゾルゲとの面会を認められ、大使が『何かしてほしいことがあるか』と尋ねると、ゾルゲは『何もありません。これまでの好意に感謝します。もう会うことはないでしょう』と答えた。

大使はベルリンに、『逮捕は日本警察のミス』と報告する一方、ゾルゲの過去を調査するよう求めた。四二年四月に返事があり、ゾルゲはドイツ共産党員で、党機関紙の編集に当たっていたこと、再三ソ連を訪れ、二九年以降はドイツに居住記録がないことを伝えてきた。ゾルゲの逮捕は東京のドイツ人社会を震撼させた。誰もが大使と親しいことを知っていたからだ。皆がひそひそと噂し合った。

私はその後も数年間、非公式にゾルゲ事件を独自に調査した。日本の警察はゾルゲについて、酒豪ぶりや派手な女性関係を知っていたが、四一年までは彼への嫌疑は一切なかった。この年から警察はあらゆる外国人への捜査を行った。ゾルゲの処刑は、大使館にも通報があった」

マイジンガーはその後ポーランドに移送され、大量虐殺の罪で死刑判決を受け、四七年に絞首刑となった。

同僚女性記者アベクのゾルゲ観察

CICは刑務所から解放されたクラウゼンも探し出して尋問した。一九四五年十二月五日付の尋問記録は、日本側の捜査内容とほぼ重複するが、クラウゼンはゾルゲについて意外な発言をしている。

「ゾルゲは古い革命一家の出身であり、彼の祖父はカール・マルクスの親しい友人だった」「ゾルゲが第一次世界大戦で負傷したというのは嘘で、実際はロシア革命後の内戦に参加して負傷した」「ドイツ大使館では広報部に籍を置き、月約千五百円の給与を貰っていた」「ゾルゲはドイツ紙女性記者のリリー・アベクと親しかった。日本の警察にゾルゲ機関を売り渡したのはアベクではないかと私は疑っている」

マルクスの個人秘書だったフリードリヒ・ゾルゲはゾルゲの大叔父に当たるという説があるが、ソ連内戦での負傷説と同様、確認されていない。

日本に移住したスイス人商人の娘、リリー・アベクは一九〇一年に生まれ、ドイツで博士号を取った。日本に戻り、「フランクフルター・ツァイトゥング」紙の通信員を務めてアジアを回り、日中戦争などを現場取材した。東京では、同紙でゾルゲが政治経済、アベクは文化社会という役割分担だった。「アベクは狂信的なナチ党員だった。記者として有能なゾルゲへの嫉妬が強く、大使館員らにゾルゲを中傷していた」との説もある。（ミハイル・コレスニコフ、『リハルド・ゾルゲ』、一九八〇年）

アベクは戦後、日本軍の連合国向けプロパガンダ放送の女性アナウンサー「東京ローズ」ではないかとの疑いをかけられ、戦犯として一時逮捕され、誤報と分かって釈放された。その際、CICはゾルゲについて尋問し、供述記録（四六年一月十三日付）が米公文書館に保管されている。加藤哲郎が発見し、翻訳が『ゾルゲ事件関係外国語文献翻訳集』

No.37に転載された。

それによると、アベクは尋問で、ゾルゲをこう評した。

「ゾルゲは高度に知的で、活力にあふれ、芸術的な感覚に富み、そうした人に特有の奇態がみられた。大酒飲みで、酔うと哲学や音楽、政治や自分のことを、気の利いた話を取り入れて何時間も語った。本当の政治的信念や地下工作を悟られることはしなかった。ナチス党員だったが、ナチスをしばしば批判し、国を愛するあまり憂慮する愛国主義者として振る舞った。彼は他の特派員が羨むほど、大使館の秘密情報を読み慣れていた。逮捕されるまで、オット大使と意見や情報を交換し続けたが、大使館員は幾分ゾルゲを疑っていた。

私はフリーランスの記者として日本に来た一九三五年にゾルゲと初めて会った。彼の記事は優れており、批判的な愛国者というスタンスは本社の政治姿勢と一致していた。しかし、編集部には誰も知り合いはいなかった。真珠湾攻撃の直前、私はゾルゲに代わって取材するよう本社から言われた。

日本では当時、理由もなしに頻繁に外国人の逮捕が行われていた。ゾルゲが逮捕された後、私はドイツ人記者らとともに、釈放を求める声明に署名し、大使を通じて日本側に提出した。収監中のゾルゲに毛布や本を何人かで何週間も差し入れた。その後オット大使は、この事件はどうにもならないので拘置所に行かないよう勧めた。オットは気苦労が増え、生き様に暗い影が見えた。

一つはっきりしているのは、ゾルゲがいつも、大物でありたいと望んでいたことだ。彼は常に得意げな風情をし、哲学や音楽に関する知識、大使や大使館に与える影響力を鼻にかけた。逮捕後も、自分がいかに重要人物であるかを日本側に示す振る舞いをしたようだ」

博士号を持つ著名記者らしく観察が鋭いが、アベクが密告したことはなさそうだ。戦後スイスに帰国し、酒豪で独身を貫き、日本やアジアについて著書のあるこの女性記者も、ゾルゲ事件の登場人物の一人だ。

大戦中の日独連携を阻止

GHQの調査により、ゾルゲ事件が日独の信頼関係を傷つけ、大戦中の協力を阻害したらしいことも分かった。日本の最高機密が、ドイツ大使館を通じて仮想敵国のソ連に筒抜けになっていたことは、日本にとって大きな衝撃だった。

マイジンガーの証言によれば、日本側と事件の処理で接触する過程で、ヨコヤマという担当官から「ゾルゲ事件は日独関係に深い亀裂をもたらした。ゾルゲがドイツ人ではなく、ソ連人と立証されないと修復は難しい」と言われたという。

事件後、日本政府は大使館を経由せず、重要事項はベルリンで直接ドイツ政府と交渉するようになった。日本側は大使更迭をドイツ側に打診したが、オットは一年以上留任した。ヒトラーは一九四二年十二月、昭和天皇に親書を送り、大使の罷免とスターマー駐中国大使の着任を伝えた。

マイジンガーは「日独関係は目に見えて打撃を受けた。日本国内で反外国人のプロパガンダも強まった。それはたぶん、ドイツ軍が独ソ戦の全戦線で退却し始めたことも影響していよう」と回想した。

オットは戦時下で帰国ルートの安全が確保できないため、家族と共に中国に向かい、私人として北京に居住した。終戦後、CIAの前身である戦略サービス局（OSS）の要員がオットを訪ね、質問を浴びせた。オットは書面で回答したいと述べ、四五年十一月十五日付でドイツ語の手記を渡した。英訳された十一ページのタイプ印刷の手記が米国立公文書館に保管されている。

オットの手記は自らの経歴や大使としての活動、日独関係が中心で、ゾルゲには一言も触れていないが、四一年十二月八日の真珠湾攻撃の日の模様をこう書いている。

「午前七時半、外務次官の呼び出しを受け、ワシントンの日米交渉が行き詰まり、日米が戦闘状態に入ったと伝えられた。重大な事態だと思い、ベルリンに報告すると、しばらくして外務次官から二度目の通告があり、日本海軍が真珠湾とフィリピンを攻撃したと知らされた。日米開戦はドイツ大使館を仰天させた。他の在京外交団も同様だったはずで、日本海軍は完全な秘密裏に作戦を実行した」

大本営が西太平洋での米英との開戦を発表したのは午前六時で、同盟国のドイツ大使は蚊帳の外だった。ソ連のスパイに国家機密を漏らすような大使に、事前に通報するはずもなかった。

オットは戦後、戦犯追及を受けず、西ドイツのバイエルン州で隠遁生活を送り、七七年に死去した。

G2傘下のCICはゾルゲ事件の調査報告（四六年二月二十日）を作成し、「ゾルゲはオットの最大の親友で、極めて複雑な性格の持ち主だった。ゾルゲが何のために闘っていたかを知ることは難しい。彼が熱心なソ連共産党員なら、オットが政治的飛躍を目指すのをあれほど支援したことは驚きだ。彼は大使が関心を持つすべての情報を、ソ連に送るのと同様の正確さで提供していた」と指摘した。GHQにとっても、ゾルゲは謎の人物だった。

報告はまた、「ゾルゲ事件でオットの立場は非常に苦しくなり、日独関係全体が冷却し、困難になった」と日独関係に打撃を与えたことを強調した。

確かにゾルゲのもう一つの「功績」は、自らの逮捕によって日独の信頼関係に楔（くさび）を打ったことかもしれない。ゾルゲ事件は日本側のドイツへの不信と疑心暗鬼を強めた。

この点でフェシュンは「これまで語られてこなかったテーマ」として、ゾルゲ事件で、「日独関係は破壊的とまではいかなくても、信頼関係が失墜した。（中略）大戦を通じて日本はドイツに機密情報を提供せず、軍事的な連携が大きく損なわれた。日本はドイツをあてにせず、単独で対米、対英戦争を戦い、不利な立場に追いやられた」と指摘した。（『ゾルゲ・ファイル』解説）

第二次大戦を通じて、日独伊三国同盟が有効に機能したとは言い難い。ゾルゲは自らの逮捕によって、日独の連携を阻止し、ソ連の危機を未然に防いだかにみえる。

名誉回復の立役者

戦後、ゾルゲのスパイ活動は日米両国をはじめ世界で関心を呼んだが、ソ連では「摘発されたスパイ」とあって完全に無視された。しかし、一九六四年九月四日のソ連共産党機関紙「プラウダ」は突然、ゾルゲが独ソ開戦情報をスターリンに警告したとする長文の記事を掲載した。十一月五日にソ連最高会議が「ソ連邦英雄」の称号を与え、一気に名誉回復が実現した。

ゾルゲ復権の陰の立役者は、女優の岸恵子と世界初の宇宙飛行士、ユーリー・ガガーリンだったかもしれない。

岸恵子は「日本経済新聞」連載の「私の履歴書」(二〇二〇年五月二十一日)で、一九五九年ごろ映画出演のためパリから日本に戻った時、ゾルゲの獄中手記や資料を読み漁り、ゾルゲ事件の映画化を企画。当時の夫だったイブ・シャンピ監督を動かし、日仏合作映画『スパイ・ゾルゲ　真珠湾前夜』が撮影された経緯を明かした。岸も出演したこの映画は、脚本段階で一部がメロドラマ仕立てになり、岸は不満だったが、六一年に封切られた。

日本では話題にならなかったものの、欧州で反響を呼び、モスクワ映画祭に出品すると、ソ連当局は「ソ連にはスパイはいない」として突き返した。しかし、フランス駐在のソ連大使がクレムリンにフィルムを送った。

六四年、私邸の映写会で映画を見たフルシチョフは「彼こそが真の英雄だ」「こんな素晴らしい映画を棄却したとは」と感動し、国防省に資料の収集・分析を指示し、名誉回復につながったという。フルシチョフはスターリンがゾルゲの電報を無視したことを、新たなスターリン批判に利用しようとしたとの説もある。

岸夫妻はソ連での封切りに合わせてフルシチョフに招待され、クレムリン宮殿で歓迎宴が催された。専用機を提供され、ソ連各地を回った。岸夫妻はモスクワの劇場で舞台挨拶し、映画は闇切符が出回るほどヒットしたという。スパイを夢見るプーチン少年も、ペテルブルクの映画館で見たかもしれない。

もう一人、ゾルゲ復権をフルシチョフに直訴したとされるのがガガーリンだ。

六一年、宇宙飛行船「ボストーク1号」で地球を初めて周回したガガーリンは六二年五月、日ソ親善協会などの招きで日本を一週間訪問した。

「地球は青かった」の名言で知られるガガーリンは、「宇宙で最初に見たのが日本だった」と述べて各地で大歓迎され、動静がメディアで大きく報道された。六〇年安保闘争の余韻が残る当時は、ソ連を平和勢力とみなすリベラル派が多かった。

この時、在京ソ連大使館に武官参事官（少将）として勤務していたのが、ゾルゲ事件の後始末をし、終戦直後に広島、長崎を視察したミハイル・イワノフだった。

イワノフは生前、ガガーリン訪日のエピソードを書いており、ロシアのネットで閲覧できる。それによれば、ガガーリンは早稲田大学での講演後、外交官出身の松本俊一自民党衆院議員から「ソ連はなぜゾルゲのことをすっかり忘れたのか」と質問され、答に窮した。帰国の前夜、宿泊先の帝国ホテルでソ連大使館員を集めて打ち上げをした際、ガガーリンはゾルゲとは何者かと館員に尋ねた。

イワノフによれば、「私はこの機会を逃すことなく、このスパイの偉業と多大な貢献について、最大限に詳細かつ明るく語った。ガガーリンはこの話に魅了され、『これは素晴らしい。直ちに行動すべきだ。花輪を注文してくれ』と翌日墓参すると言い出した。フェドレンコ大使が墓参は不適切だと反対すると、ガガーリンは『大使は臆病者だ。私はこのことをフルシチョフ同志に話す』と言った」

ガガーリンとフルシチョフは個人的に親しく、イワノフは最高指導部に伝わることを見越してゾルゲについて話したとみられる。しかし、フルシチョフは失脚後に刊行した回想録でゾルゲについて触れておらず、何が彼を突き動かしたのか真相は不明だ。

フルシチョフは東京五輪期間中の六四年十月、宮廷クーデターで失脚し、十一月のゾルゲの名誉回復はブレジネフ体制下で行われた。

保守派のブレジネフ政権も、フルシチョフの行き過ぎた雪どけや自由化を後退させるため、愛国者のゾルゲを利用した形跡がある。

そこから共産主義的な宣伝キャンペーンが始まり、ゾルゲを称賛する書籍や賛歌、戯曲、オペラが作られ、記念切手も発行された。戦後、雑司ヶ谷の共同墓地に放置されていたゾルゲの遺体を探し出し、荼毘に付して埋葬した石井花子は二度ソ連に招待され、少額ながら年金が支払われた。

その後、八〇年代後半から九〇年代のゴルバチョフ、エリツィンの親欧米外交の時代には、ゾルゲへの関心は低く、批判的意見もあった。現在は、愛国主義全盛のプーチン体制下でゾルゲは「第二の復権」を果たした。

ロシアのゾルゲ評価は、その時々の政権や時代風潮に左右されるのである。

おわりに　ゾルゲのDNAは生きている

日露戦争で暗躍した「ゾルゲ」

諜報能力にたけたロシア・ソ連は、日本を舞台に二十世紀初頭からスパイ活動を展開してきた。

一九〇四～〇五年の日露戦争で、帝政ロシアが記者を装うフランス人のスパイを東京に潜入させ、御前会議の内容などを通報させていたことはあまり知られていない。日露戦争でも、「ゾルゲ」が暗躍していたのだ。

これを調査したのは、ロシアの歴史学者、ドミトリー・パブロフ・モスクワ工科大学教授で、ロシア帝国外交史料館での調査を基に、二〇〇五年に出版した著書『露日戦争―陸海の秘密作戦』で明らかにした。

同書によれば、日露開戦に伴う国交断絶で外交官が出国した後、ロシアは対日情報拠点を上海に置き、アレクサンドル・パブロフ駐朝鮮公使が上海に移って指揮を執った。公使は上海に対日情報網を組織し、友好国・フランスの領事から、たまたま日本に赴任する仏紙「フィガロ」のバレ記者を紹介された。公使が上海で会い、スパイ活動を要請すると、バレは同意した。

バレは日本上陸後の一九〇四年六月から情報活動を開始。横浜=上海間の定期船でフランス語の報告を送り、公使がそれを編集して無線で奉天（現瀋陽）のロシア極東総督司令部や首都ペテルブルクに送った。一年間に三十通の報告が送られ、活動費は仏領事館が支払ったという。

バレの情報は正確で、日露戦争をめぐる御前会議の討議内容や元老院の決定をしばしば通報。日本軍が旅順攻略に続いて奉天駐留のロシア軍を包囲・殲滅して占領する計画を伝え、最大の地上戦となる奉天会戦を予告していた。

○四年十一月、バレは「伊藤博文の元秘書で大隈重信の側近」の話として、日本側は開戦前の日露交渉で示した条件でロシアが和平に応じることを期待していると伝えた。

○五年三月には、日本側の講和条件について、①領土割譲を避け、賠償金を要求する、②賠償金を求めない代わりに、ロシアはサハリン南部を日本に譲渡し、遼東半島を日本領と認め、満州から全面撤退する――という二つのシナリオを報告した。これらの情報は公使を通じて外務省に送られ、ロシア側は○五年八月に米北東部のポーツマスで始まる講和会議を前に、日本側の出方を察知できた。

ドミトリー・パブロフ教授は「バレの報告には、伊藤や大隈の発言がしばしば登場し、日本政府の最高機密にアクセスできたと考えられる。ゾルゲ機関における尾崎のような情報源がいたかもしれない」と指摘していた。

明治期の政治事情に詳しい五百旗頭薫・東大教授によれば、尾崎に当たるこの人物は、明治のジャーナリストで政治家、矢野文雄（龍溪）の可能性が強いという。官僚上がりの矢野は政治小説のベストセラーとなった『経国美談』の著者で、駐清公使を務め、欧米を視察するなど対外政策に明るかった。この時期は官界を退き、日露戦争に関する論説を新聞に寄稿。伊藤、大隈にも近く、外国人記者のアクセスは容易だった。

アレクサンドル・パブロフ公使は本国への報告で、「バレは中立国フランスの硬派紙記者という肩書で官庁や参謀本部を回り、政府高官や軍幹部も部屋のドアを開けざるを得なかった」と本国に伝えている。

そこには、現代も続く、日本エリートの白人知識人への知的コンプレックスが垣間見える。ゾルゲも拘束後、吉河検事に対し、「日本は侵入するには非常に難しいように見えるが、実はカニと同じで、ひとたび硬い殻を突き破れば、中は柔らかく、情報収集も大して苦労しない」と述べていたという。（『ゾルゲ―引裂かれたスパイ』）

エリート層の情報管理が甘い日本は、日露戦争の頃から「スパイ天国」だった。バレの活動は一年と短く、奉天会戦でクロパトキン軍が突然撤収したため、極東総督司令部の重要文書が奉天に放置された。文書が日本軍の手に落ち、スパイ活動が発覚することを恐れたパブロフ公使は、バレに活動停止を指示。バレはその後フランスに帰国した。

現在の「フィガロ」紙東京支局に尋ねると、日露戦争当時、「バレ」という記者が東京に駐在した記録はないという。ゾルゲが「ラムゼイ」の名で電報を送ったように、「バレ」もコードネームだったとみられる。バレ（Balais）はフランス語で箒を意味し、情報集めのニュアンスがある。

戦後も続くスパイ事件

ソ連・ロシアによる対日スパイ事件は、先の大戦後も次々に発覚した。

一九五四年、米国に亡命した在日ソ連通商代表部二等書記官のラストボロフは、日本での情報収集活動を米国で公表し、外務省職員三人を含む日本人三十六人をエージェントにし、金を渡して日本の再軍備化などの情報を報告させたと暴露した。協力者の多くは、シベリア抑留中にスパイ協力を約束させられていたという。

七一年には、ＧＲＵのソ連大使館付武官二人が米軍基地に出入りしていた通信機器販売のブローカーを協力者にし、現金と引き換えに米軍機密文書を入手していたことが発覚した。

八二年、ソ連誌記者を隠れ蓑にしたＫＧＢ将校、レフチェンコは米国亡命後、米議会情報特別委員会で対日秘密工作を暴露し、日本人三十三人のエージェントを実名やコードネームで公表した。この中には、自民、社会両党の有力議員や大手メディア幹部、財界の大物も含まれていた。

レフチェンコは日本を「スパイ天国」と呼び、ほとんどの日本人協力者は彼がＫＧＢ将校であることに気づいていなかったと述べた。

冷戦期には、ソ連側が漁民に情報提供を要求する代わりに、北方領土近海で安全操業を認める「レポ船」が問題になった。ＫＧＢ要員のミトロヒンが西側に持ち出した「ミトロヒン文書」は、ＫＧＢが社会党幹部に現金を渡して政治活動を支援したほか、大手新聞社を使って世論誘導工作を行っていたことを暴露した。

プーチン体制下でも、二〇〇〇年にロシア大使館付海軍武官のボガチョンコフＧＲＵ大佐が日露防衛交流で知り合った海上自衛官から自衛隊の秘密文書を入手していた事件が発生。ロシアの通商代表部員が東芝子会社やニコン、ソフトバンクなどの社員から高度技術情報を入手していたことも発覚した。

これらは、たまたま発覚した事案であり、察知されず成功したスパイ行為も無数にあるとみられる。

近年、ウクライナ戦争で孤立するロシアは、西側諸国に対し、サイバー攻撃やプロパガンダを含む情報操作、心理戦など高度な「ハイブリッド戦争」を仕掛けており、日本も標的となりかねない。

諜報大国・ロシアの対日情報工作は、対欧米工作より規模は小さく、特殊とはいえ、「ゾルゲのDNA」が生き続けていくだろう。

参考文献

▽ロシア語の文献

Михаил Алексеев, “Ваш Рамзай: Рихард Зорге и советская военная разведка в Китае. 1930-1933 гг.”, Кучково поле, 2010г.

Михаил Алексеев, “Верный Вам Рамзай: Рихард Зорге и советская военная разведка в Японии. 1933-1938 годы. Книга 1”, Алгоритм, 2017г.

Михаил Алексеев, “Верный Вам Рамзай: Рихард Зорге и советская военная разведка в Японии. 1939-1941 годы. Книга 2”, Алгоритм, 2019г.

Андрей Фесюн, “Дело Зорге: телеграммы и письма（1930-1945）”, Серебряные нити, 2018 г.（邦訳：名越健郎、名越陽子訳、アンドレイ・フェシュン編、『ゾルゲ・ファイル　１９４１－１９４５』、みすず書房、２０２２年）

Елена Прудникова, “Рихард Зорге: разведчик № 1?”, Нева, 2004г.

Дмитрий Павлов, “Русско-японская война 1904-1905 гг.: Секретные операции на суше и на море”, Центр гуманитарных инициатив, 2016г.

Николай Долгополов, “Гении разведки”, Молодая гвардия, 2019г.

▽英語の文献

Christopher Andrew, "The Sword And The Shield: The Mitrokhin Archive And The Secret History Of The KGB", Basic Books, 1999

Owen Matthews, "An Impeccable Spy: Richard Sorge, Stalin's Master Agent", Bloomsbury Pub Plc USA, 2019（邦訳：鈴木規夫、加藤哲郎訳、『ゾルゲ伝—スターリンのマスター・エージェント』、みすず書房、２０２３年）

▽日本語の文献

『現代史資料　ゾルゲ事件』（１−４巻）、みすず書房、１９６２−１９７１年

『ゾルゲ事件関係外国語文献翻訳集』（№.１−№.50）、日露歴史研究センター事務局、２００３−２０１８年

加藤哲郎編、『ゾルゲ事件史料集成—太田耐造関係文書』全10巻、不二出版、２０１９−２０２０年

加藤哲郎著、『ゾルゲ事件—覆された神話』、平凡社新書、２０１４年

加藤哲郎著、『情報戦と現代史』、花伝社、２００７年

リヒャルト・ゾルゲ著、みすず書房編集部編、『ゾルゲの見た日本』、みすず書房、２００３年

ロベール・ギラン著、三保元訳、『ゾルゲの時代』、中央公論社、１９８０年

参考文献

ウラジーミル・プーチン、高橋則明訳、『プーチン、自らを語る』、扶桑社、2000年
ロバート・ワイマント著、西木正明訳、『ゾルゲ―引裂かれたスパイ』、新潮社、1996年
チャールズ・ウィロビー著、福田太郎訳、『赤色スパイ団の全貌』、東西南北社、1953年
ベン・マッキンタイアー著、小林朋則訳、『ソーニャ、ゾルゲが愛した工作員』、中央公論新社、2022年
アイノ・クーシネン著、坂内知子訳、『革命の堕天使たち―回想のスターリン時代』、平凡社、1992年
マーシャ・ゲッセン著、松宮克昌訳、『そいつを黙らせろ』、柏書房、2013年
フィオナ・ヒル、クリフォード・ガディ著、濱野大道、千葉敏生訳、『プーチンの世界』、新潮社、2016年
楊国光著、『ゾルゲ、上海ニ潜入ス』、社会評論社、2009年
下斗米伸夫、NHK取材班著、『国際スパイ　ゾルゲの真実』、角川文庫、1995年
司馬遼太郎著、『対談集　日本人の顔』、朝日文庫、1984年
保阪正康著、『昭和史　七つの謎　Part2』、講談社文庫、2005年
石井花子著、『人間ゾルゲ』、角川文庫、2003年
須藤眞志著、『ハル・ノートを書いた男』、文春新書、1999年
白井久也編著、『国際スパイ　ゾルゲの世界戦争と革命』、社会評論社、2003年
尾崎秀実著、『新編　愛情はふる星のごとく』、岩波現代文庫、2003年

松橋忠光、大橋秀雄著、『ゾルゲとの約束を果たす』、オリジン出版センター、1988年
古賀牧人編著、『「ゾルゲ・尾崎」事典』、アピアランス工房、2003年
三宅正樹著、『スターリンの対日情報工作』、平凡社新書、2010年
木村汎、袴田茂樹、山内聡彦著、『現代ロシアを見る眼』、NHK出版、2010年
寺崎英成、マリコ・テラサキ・ミラー著、『昭和天皇独白録』、文春文庫、1995年

名越健郎（なごし　けんろう）

1953年、岡山県生まれ。東京外国語大学ロシヤ語学科卒業。時事通信社に入社。バンコク、モスクワ、ワシントン支局記者、モスクワ支局長、外信部長、仙台支社長を歴任。2012年から拓殖大学海外事情研究所教授、国際教養大学特任教授。論文博士（安全保障）。現在、拓殖大学客員教授。著書に、『秘密資金の戦後政党史』（新潮選書）、『独裁者プーチン』（文春新書）など。訳書に、フェシュン編『ゾルゲ・ファイル　1941-1945』（共訳、みすず書房）などがある。

文春新書

1477

ゾルゲ事件80年目の真実

2024年11月20日　第1刷発行

著　者　名　越　健　郎
発行者　大　松　芳　男
発行所　株式会社　文　藝　春　秋

〒102-8008　東京都千代田区紀尾井町3-23
電話（03）3265-1211（代表）

印刷所　大日本印刷
製本所　大　口　製　本

定価はカバーに表示してあります。
万一、落丁・乱丁の場合は小社製作部宛お送り下さい。
送料小社負担でお取り換えいたします。

ISBN978-4-16-661477-6

◆日本の歴史

◆世界の国と歴史

完全版 ローマ人への質問　塩野七生
歴史とはなにか　岡田英弘
常識の世界地図　21世紀研究会編
食の世界地図　21世紀研究会編
新・民族の世界地図　21世紀研究会編
カラー新版 地名の世界地図　21世紀研究会編
カラー新版 人名の世界地図　21世紀研究会編
フランス7つの謎　小田中直樹
一杯の紅茶の世界史　磯淵 猛
新約聖書Ⅰ　新共同訳 佐藤 優解説
新約聖書Ⅱ　新共同訳 佐藤 優解説
佐藤優の集中講義 民族問題　佐藤 優
池上彰の宗教がわかれば世界が見える　池上 彰
新・戦争論　池上 彰 佐藤 優
大世界史　池上 彰 佐藤 優
新・リーダー論　池上 彰 佐藤 優

グローバルサウスの逆襲　池上 彰 佐藤 優
独裁者プーチン　名越健郎
韓国併合への道 完全版　呉 善花
侮日論　呉 善花
韓国「反日民族主義」の奈落　呉 善花
イスラーム国の衝撃　池内 恵
シャルリとは誰か？　エマニュエル・トッド 堀 茂樹訳
「ドイツ帝国」が世界を破滅させる　エマニュエル・トッド 堀 茂樹訳
グローバリズムが世界を滅ぼす　エマニュエル・トッド ハジュン・チャン 柴山桂太・中野剛志・藤井聡・堀茂樹
問題は英国ではない、EUなのだ　エマニュエル・トッド 堀 茂樹訳
老人支配国家 日本の危機　エマニュエル・トッド
第三次世界大戦はもう始まっている　エマニュエル・トッド 大野 舞訳
トッド人類史入門 西洋の没落　エマニュエル・トッド 片山杜秀・佐藤 優
中国4・0　エドワード・ルトワック 奥山真司訳
戦争にチャンスを与えよ　エドワード・ルトワック 奥山真司訳
日本4・0　エドワード・ルトワック 奥山真司訳
ラストエンペラー習近平　エドワード・ルトワック 奥山真司訳
世界最強の地政学　奥山真司

リーダーシップは歴史に学べ　山内昌之
地経学とは何か　船橋洋一
地政学時代のリテラシー　船橋洋一
大学入試問題で読み解く「超」世界史・日本史　片山杜秀
ベートーヴェンを聴けば世界史がわかる　片山杜秀
戦争を始めるのは誰か　渡辺惣樹
第二次世界大戦 アメリカの敗北　渡辺惣樹
韓国を支配する「空気」の研究　牧野愛博
金正恩と金与正　牧野愛博
知立国家 イスラエル　米山伸郎
「中国」という神話　楊 海英
独裁の中国現代史　楊 海英
ジェノサイド国家中国の真実　于田ケリム 楊 海英
人に話したくなる世界史　玉木俊明
16世紀「世界史」のはじまり　玉木俊明
トランプ ロシアゲートの虚実　小川 聡 東 秀敏
世界史の新常識　文藝春秋編
ヘンリー王子とメーガン妃　亀甲博行

コロナ後の世界 ジャレド・ダイアモンド ポール・クルーグマン リンダ・グラットン マックス・テグマーク スティーブン・ピンカー スコット・ギャロウェイ 大野和基編
コロナ後の未来 ユヴァル・ノア・ハラリ カタリン・カリコ ポール・ナース リンダ・グラットン リチャード・フロリダ スコット・ギャロウェイ イアン・ブレマー 大野和基編
パンデミックの文明論 ヤマザキマリ 中野信子
盗まれたエジプト文明 篠田航一
歴史を活かす力 出口治明
世界一ポップな国際ニュースの授業 藤原帰一 石田衣良
悲劇の世界遺産 井出 明
シルクロードとローマ帝国の興亡 井上文則
いまさら聞けないキリスト教のおバカ質問 橋爪大三郎
プーチンと習近平 独裁者のサイバー戦争 山田敏弘
ウクライナ戦争の200日 小泉 悠
終わらない戦争 小泉 悠
大人の学参 まるわかり世界史 津野田興一
大人の学参 まるわかり近現代史 津野田興一
ウクライナ戦争はなぜ終わらないのか 高橋杉雄編著
中国「軍事強国」への夢 劉 明福 峯村健司監訳 加藤嘉一訳
教養の人類史 水谷千秋

◆政治の世界

民主主義とは何なのか 長谷川三千子
司馬遼太郎 リーダーの条件 半藤一利・磯田道史 鴨下信一他
自滅するアメリカ帝国 伊藤 貫
新しい国へ 安倍晋三
日本に絶望している人のための政治入門 三浦瑠麗
あなたに伝えたい政治の話 三浦瑠麗
政治を選ぶ力 橋下 徹 三浦瑠麗
日本の分断 三浦瑠麗
国のために死ねるか 伊藤祐靖
田中角栄 最後のインタビュー 佐藤 修
日本よ、完全自立を 石原慎太郎
内閣調査室秘録 志垣民郎 岸 俊光編
軍事と政治 日本の選択 細谷雄一編
兵器を買わされる日本 東京新聞社会部
県警VS暴力団 藪 正孝
地方議員は必要か NHKスペシャル取材班
知事の真贋 片山善博
政治家の覚悟 菅 義偉
小林秀雄の政治学 中野剛志
枝野ビジョン 支え合う日本 枝野幸男
検証 安倍政権 アジア・パシフィック・イニシアティブ
安倍総理のスピーチ 谷口智彦
統一教会 何が問題なのか 文藝春秋編
シン・日本共産党宣言 松竹伸幸
私は共産党員だ！ 松竹伸幸
なぜ日本は原発を止められないのか？ 青木美希
中国「戦狼外交」と闘う 山上信吾
池田大作と創価学会 小川寛大

(2024. 06) C 品切の節はご容赦下さい

文春新書のロングセラー